U0363251

爸爸的木匠小屋

创意木工小课堂

郑安全
郑若行 ◎编著

上海科学技术出版社

图书在版编目(CIP)数据

爸爸的木匠小屋：创意木工小课堂 / 郑安全，郑若行编著. —上海：上海科学技术出版社，2018.8
ISBN 978-7-5478-4069-6

Ⅰ.①爸… Ⅱ.①郑… ②郑… Ⅲ.①木制品—手工艺品—制作 Ⅳ.① TS656

中国版本图书馆 CIP 数据核字（2018）第 143174 号

图纸下载
读者交流
作者答疑
课程直播

一个喜爱木工的圈子

爸爸的木匠小屋
创意木工小课堂
郑安全　郑若行　编著

上海世纪出版（集团）有限公司
上 海 科 学 技 术 出 版 社 出版、发行
（上海钦州南路 71 号　邮政编码 200235　www.sstp.cn）
上海中华商务联合印刷有限公司印刷
开本 787×1092　1/16　印张 7　插页 4
字数 200 千字
2018 年 8 月第 1 版　2018 年 8 月第 1 次印刷
ISBN 978-7-5478-4069-6/TS·223
定价：68.00 元

前言

纪录片《爸爸的木匠小屋》拍摄之初，我们都没想到有一天它能以图书的形式出现。非常感谢喜欢纪录片和喜欢木工的各位小伙伴们，是因为大家一直以来的支持，让《爸爸的木匠小屋》从荧幕走进了书本。

爸爸把木工作为爱好四十多年，结合青年时期学到的基本功，琢磨出了自己的窍门和制作方式，从而设计和制作了许多有趣的作品。本书中我们会简单介绍一些中式木工的小知识和常用工具的使用方法，以传统手工工具为主，部分电动工具为辅，还原纪录片中部分饱含情谊的木作小物的制作过程。读者可以了解更多24节气作品的内容，像爸爸一样在家里学习和实践木工。希望爸爸的经验和方法能给读者朋友们些许启发和帮助。

在节目拍摄的这两年的时间里，摄制团队从开始对木工一无所知，到现在能有模有样地比画几下，大家都说收获的不仅仅是动手创造的乐趣，还有一份无法言喻的感动。书中还记录了我们拍摄时的幕后故事，希望和您一起分享我们的感动。

郑若竹

2018.3

目录

一起来建木匠小屋

纪录片《爸爸的木匠小屋》开播后，收到许多观众的留言，表达想学习木工却不知道从何开始，其中问得最多的问题就是“我在家也可以做木工吗？”在这里回答大家，“当然可以哦”。

木工桌的准备

筹建一个木匠小屋首先要准备一张木工桌。

• 小的时候我们家住在一个很小的房子里，两平方米的阳台既是妈妈的花园、我的鱼缸动物园，又是爸爸的木工工作室。爸爸有一块可以拆卸的活动木板，活动木板一头搭在鱼缸的隔板上，一头搭着柜子，就变成了他的简易木工桌。在这张木工桌上，诞生了很多家用的小物件，还有我的小玩具。

木工桌

以前的木工桌一般是自制的，结构简单，稳固即可，常常就地取材用一些废旧木料搭建而成，木桌高度一般在 80 厘米左右。传统中式家具多选用硬木，刨制时需要很大的力气，所以工作台面相对较低且有一点斜度，这样便于发力。当然现在准备时可根据自己的身高，选择舒适的高度，长度通常为 2 米，不做大型家具可缩短。还可以购买现成的木工工作台，高度一般在 90 厘米左右。

就地取材的简易木工桌

现代木工坊常用的工作台

爸爸自制的可拆卸木工桌

阻铁

木工桌上通常需要安装一个“八字阻铁”和“鱼尾阻铁”用于木料的固定，阻铁也叫妻挡、班妻、顶铁等。西式木工桌也有类似的阻铁装置，叫 bench dog，有铁质和木质两种，可以调节高度。

八字阻铁

前置固定：用于刨方料

侧面固定：用于刨板材的侧面

鱼尾阻铁

前置固定：用于刨板材的宽面

西式木工桌阻铁

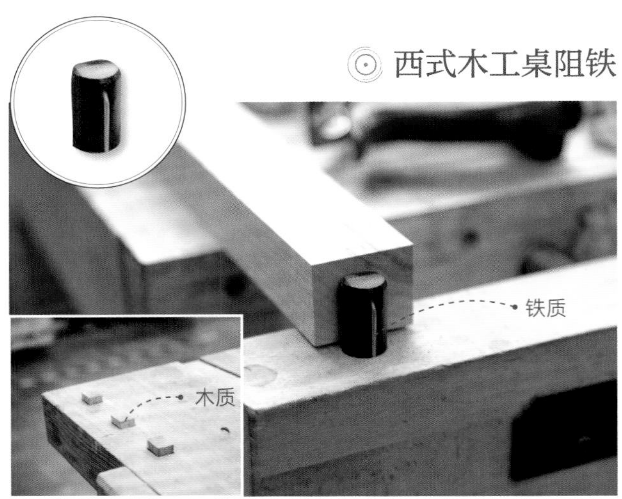

前置固定：木质 / 铁质阻铁

常用的各类工具

常用的手工工具有：测量用、画线用、锯类、刨类、制孔类、砍削类和打磨类工具，传统中式木工没有大型的电动工具，操作相对安全，适合初学者在家里学习和使用。

- 以前木工多以师徒模式传授技艺，于是民间演变出了很多有趣的、具有地域差异的多样技法和工具，本书选择较为普遍，也是爸爸常用的几款工具及其使用做介绍。
- 使用工具时，拿握和使用工具的姿势很重要，姿势正确不仅可以减轻疲劳感、提高效率，还可以保证自己的安全，所以这一点请读者朋友格外注意。

测量和画线工具

木工离不开测量和画线，那木工用尺和笔有什么特别之处呢？

1 小直角尺 / **2** 折尺 / **3** 三角尺 / **4** 活动角尺 / **5** 大直角尺

笔

木工铅笔是扁平的，不是普通铅笔的圆形或菱形，这样铅笔不容易滚滑，扁平的铅芯也便于画出直线；多数木工铅笔是红色的外漆，有利于操作时能第一时间找到。当然，使用普通铅笔也是可以的。另外，较长距离画线时，还会使用墨斗弹线，吸满墨汁的线，通过拉直、绷紧、回弹，在木料上留下长长的墨线。一般小型木作不需要使用墨斗，准备铅笔即可。

尺

木工手工用量尺除了常用的普通直尺、卷尺以外，还有各类角尺，如直角尺、三角尺、活动角尺、折尺等，而各类角尺也是木工工具中比较特别而且重要的工具。

直尺

卷尺

大、小直角尺

用于在木料上画垂直线或平行线；检查木料平面是否平整（参见第 37 页）；检查木料相邻两面是否垂直（参见第 34 页）；校验画线时的直角线是否垂直；用于校验半成品或者成品拼装后的方正情况等。

折尺

一种能折叠的尺子，便于携带。

三角尺

一般是等腰的直角三角尺，除了画线（参见第 37 页），还是画 45° 角斜角线不可缺少的工具。

活动角尺

测量和记录角度，特别是画斜线（参见第 44 页、50 页、85 页等）。

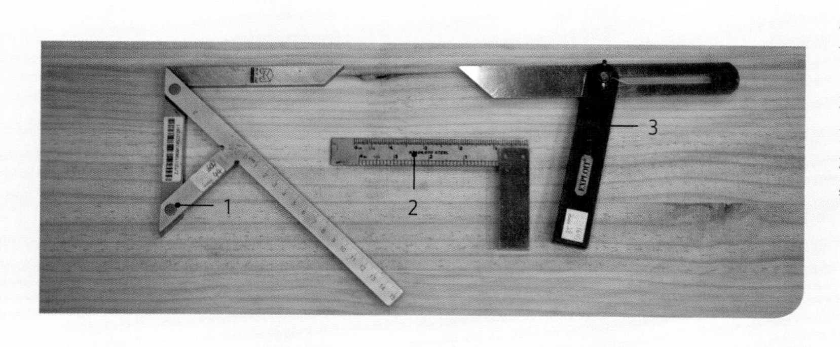

小贴士

本书中使用的角尺都是传统木工的木制角尺，现代西式木工中也有很多不锈钢材的角尺，读者可以根据自己的喜好和需要准备。

1 中心规 / **2** 小直角尺 / **3** 活动角尺

锯子是截取木料非常重要的工具，传统手工锯中最常用的就是：框锯和钢丝锯。

1 钢丝锯 / **2** 中框锯 / **3** 细框锯

框锯

框锯是最常用的传统手工锯，用途最广，适合锯直线，框锯又可分为粗锯、中锯和细锯。

粗锯：锯条长 650~750 毫米，齿距 4~5 毫米，适宜锯较厚的木料；

中锯：锯条长 550~650 毫米，齿距 3~4 毫米，适宜锯薄木料，榫头；

细锯：锯条长 450~500 毫米，齿距 2~3 毫米，适宜锯较细的木材或榫头的腰肩。

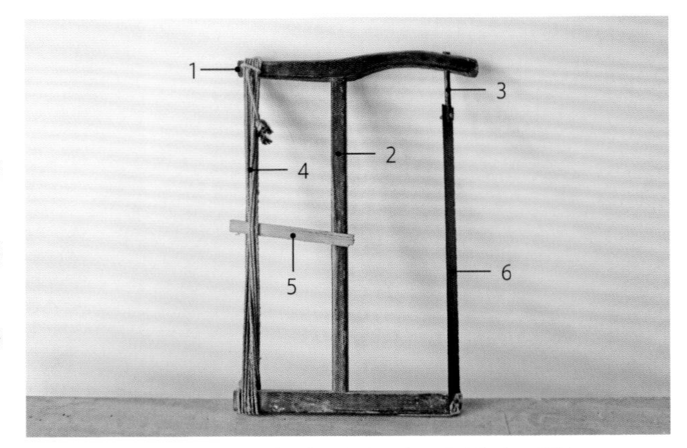

1 锯手 / **2** 锯梁 / **3** 锯鼻 / **4** 锯绳 / **5** 翘板 / **6** 锯条

框锯的调节

锯条：锯条是有方向性的，一般与框锯自身所在的平面呈 60° ~70° 夹角，锯齿刃朝外。注意锯条不要扭曲，整根锯条在一个平面上。锯条的绷紧程度要适中，如果锯条过松，锯时锯条容易跑偏；如果过紧，锯条自身容易变形。此外还要检查锯齿是否锋利。

翘板：翘板通过旋拧可控制锯绳的张紧度，从而控制锯条的绷紧程度。注意翘板的放置是有方向性的，旋扭锯绳后翘板要放在锯梁的外侧，如果放在内侧，操作中容易被木料撞开，调整好的松紧度，瞬间被破坏。

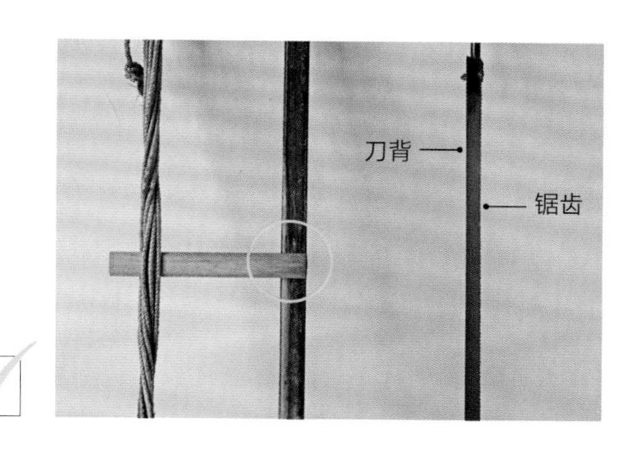

手持锯的位置和方法

握框锯时，手要握在锯手靠近锯条的一端，或者把小拇指放在锯鼻的下面，这样可以更好地控制锯条，使其受力均匀。

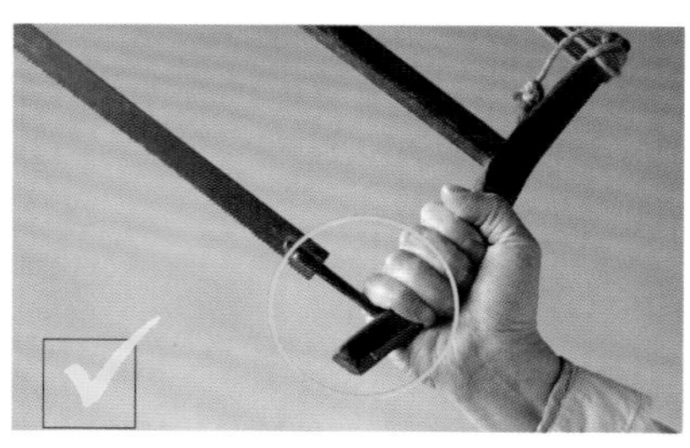

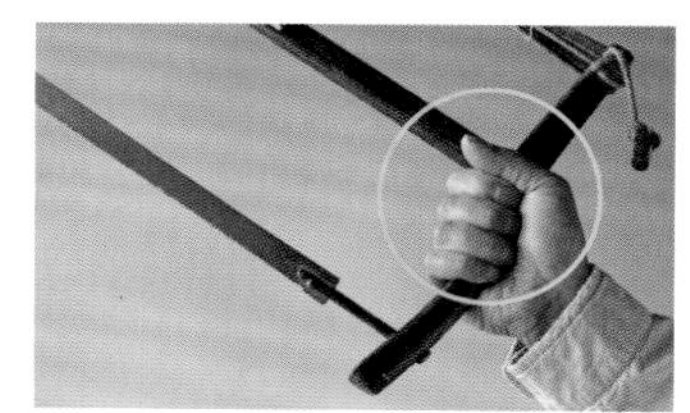

使用技法和姿势

锯条自身所在平面与框锯是有一定夹角的，所以操作时框锯与木料也有一点倾斜度。虽然不同情况下，锯子的位置会有所不同，但是，不论什么姿势，锯条的切割面与木料都是垂直的。

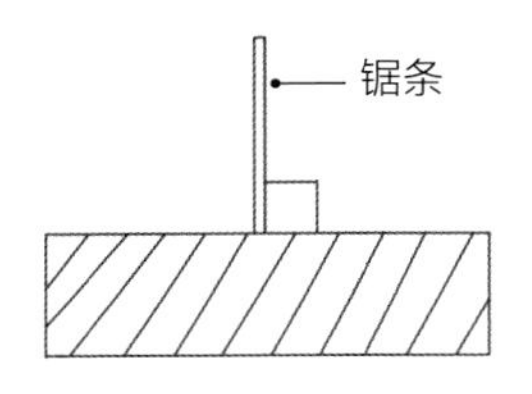

侧锯时

从侧面锯，垂直木纹方向又不全部锯断时，木料放于木工桌上，左手扶稳，前后施力，多用于锯榫头、榫肩等。

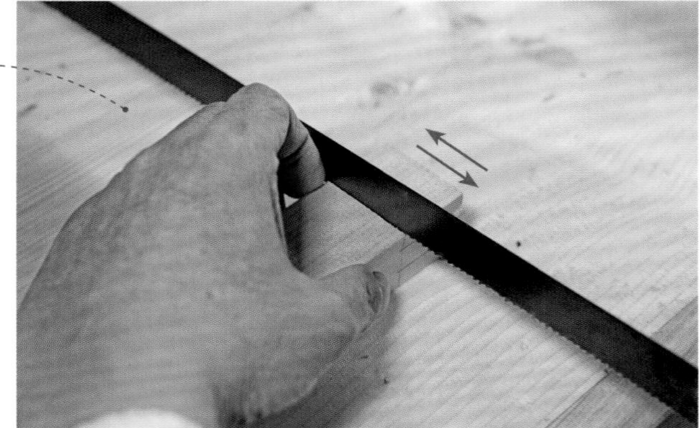

侧视图

俯视图

横截时

垂直于木纹方向，横向截断木料时，人站在木料的一侧，左脚踩住木料，斜着上下用力，锯条沿着切割线**由远及近**。

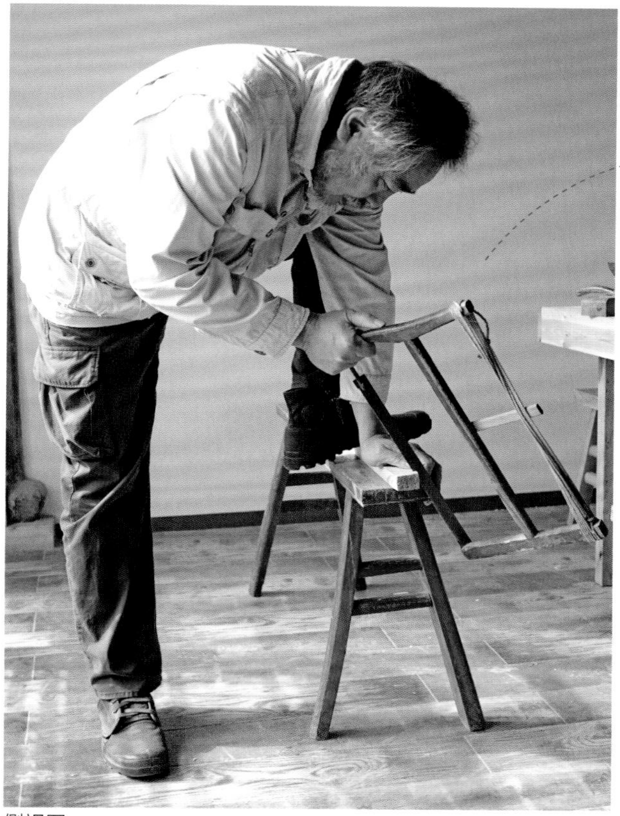

侧视图

俯视图

纵切时

平行于木纹方向，纵向切割木料时，人站在木料的另一侧，右脚踩住木料，也是微微倾斜、上下用力，锯条沿着切割线**由远及近**。

俯视图

侧视图

钢丝锯

钢丝锯又称线锯，由锯弓和钢丝状的锯条组成，结构虽然简单，但框锯无法锯割的地方几乎都可由钢丝锯完成。主要用于锯孔、异形、曲线、燕尾榫及其他不规则形状。传统钢丝锯的弓形部分有柏树弓、杉木弓、竹片弓，现代钢丝锯多用金属弓。

爸爸用的这把钢丝锯是自己制作的传统款式，用绳子弯曲新鲜的柏树枝，风干后弓形固定下来就可以做锯弓。先在两端钉上羊角螺丝，再绑上钢丝锯条，钢丝锯就制作完成了。

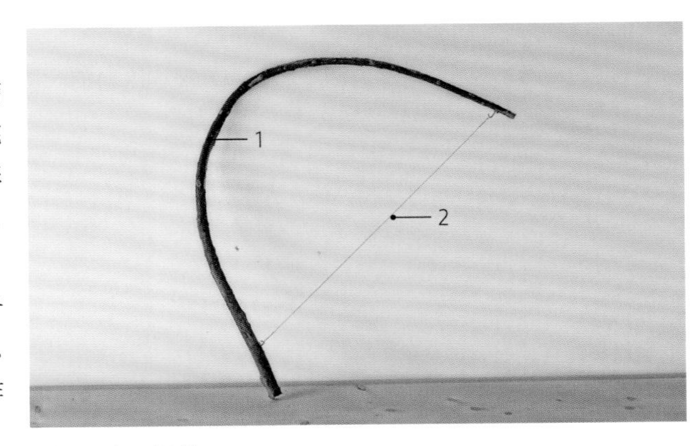

1 锯弓 / **2** 锯丝

使用技法和姿势

手握钢丝锯的方法与框锯类似，握在靠近锯条的一端，食指可以越过锯条。钢丝锯的使用没有框锯那么多的姿势，只是整个锯身平面始终要垂直于切割面，这一点与框锯锯条垂直切割面是相同的。手握钢丝锯上下用力的同时，锯条沿着切割线由后向前，**由近及远**（与框锯锯割方向相反）。

侧视图

锯条可以从边缘导入时

锯割部位在边缘，可以从边缘向内部先用框锯锯开一个锯口子，再插入钢丝锯，向前开始锯割。

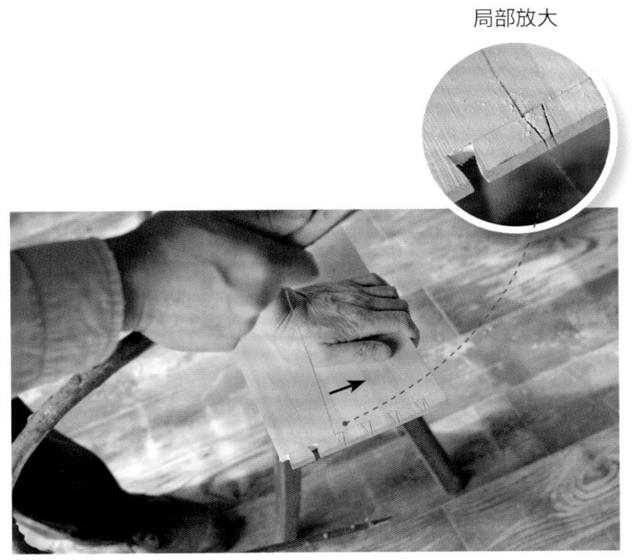

俯视图

锯条不能从边缘导入时

锯割部位在内部，或者从边缘向内不允许锯开锯口的，可以先钻一个小孔，将锯条穿过孔洞再固定好锯条，沿着预先设定好的曲线，前进锯割。第 73 页鸟窝的孔洞就是采用这种方式。

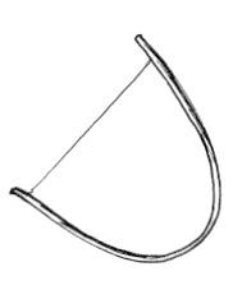

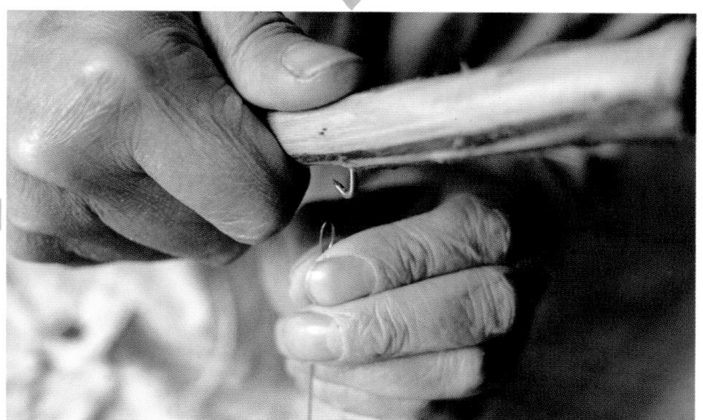

小贴士

传统钢丝锯锯条长、弧形面积大、分量轻，木弓有弹性更柔和，真正使用便能感觉到它的妙处。平时操作时准备两把框锯（中、细）和一把钢丝锯即可。西式的手锯功能和中式的框锯类似，造型小巧，较为普及，也可以按照自己的需要选择配置。虽然锯子外形有差异，但使用技法和要点是相通的。

1 刀锯 / **2** 手锯 / **3** 钢丝锯

刨类工具

刨子是木工操作的重要工具，它可以把木料削成光滑的平面、圆面或其他形状的面。按刨出面的形状不同可分为平刨、槽刨、边刨、半圆刨、铲胖刨、边方刨等。

1 长刨 / 2 短刨 / 3 铲胖刨 / 4 双手槽刨 / 5 边方刨 / 6 单手槽刨 / 7 半圆刨

平刨

刨类工具种类众多，其中最常用、使用最多的是平刨。平刨可将木料刨削到平、直、光滑的不同程度，根据刨刀与刨身夹角的不同，又可分为粗刨、细刨、光刨；按照刨床长短又可分为长刨、短刨。

粗刨：用于切削毛料的多余部分（刨铁角度 < 45°）；

细刨：用于刨平、刨方、刨准（刨铁角度约 = 45°）；

光刨：用于最后整体组装前的刨光，去掉画线痕迹及其他，使得表面光洁干净（刨铁 > 45°）

刨铁角度
45°

认识平刨

平刨由刨刀、盖铁、刨楔、刨身组成，组装时盖铁和刨刀相扣，调节两刃之间的距离，放入刀槽，用刨楔楔紧。

1 刨刀 / 2 盖铁 / 3 刨楔 / 4 刨身 / 5 把手 / 6 刀槽

小贴士

要想事半功倍，刨刀需要磨快、磨平、磨直，盖铁需要平整，刨刀和盖铁要贴合严密。

盖铁的高低影响刨出效果

盖铁低一点，刨刀和盖铁的两刃间隙越小，刨出来的刨花越细薄，刨出来的木头越光滑；盖铁高一点，刨刀和盖铁的两刃间隙越大，刨出来的刨花越粗厚。一般细刨间隙小（＜1毫米），粗刨间隙大（≥1毫米），实际操作时还会考虑木质软硬调整。

细刨

粗刨

刀刃调节步骤

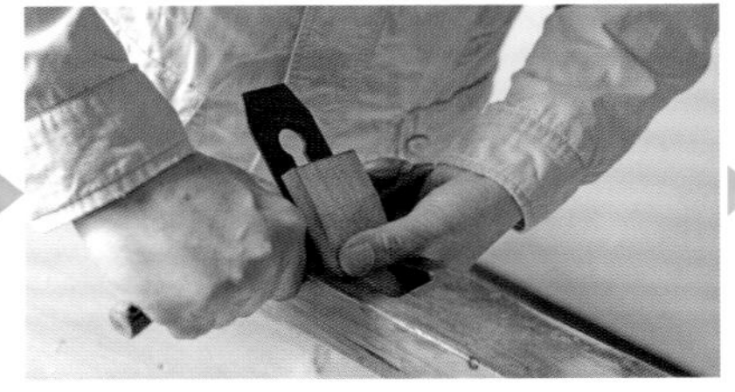

①拿起刨子，调整刨刀时注意手持刨子的姿势，先右手拿起，再换到左手。

②单眼目测刃口露出量的大小。

③刀刃露出量不足，可直接敲打刨刀。

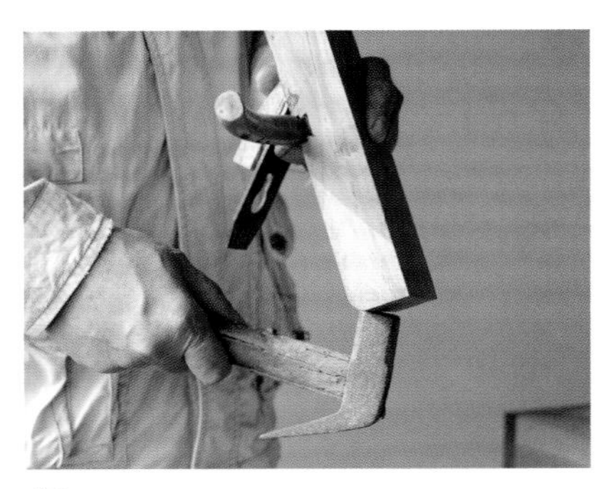

④刀刃露出过多，或者退刨刀时，直接敲刨身后端。

小趣谈

以前木工需要背着工具去各家各户打制家具，于是为了轻便，不但工作台是就地取材，就是工具也讲究简便和一物多用。于是锋利的刨刀也有了新功能就是“削铅笔”。

使用技法和姿势

使用平刨时，双手控制，食指在前顶住刨身两侧，拇指在后顶住刨身的后背，其他三个手指勾住把手，固定好木料后，站在木工桌一侧，向前平行施力。

注意识别木纹，顺着木纹取料，这样刨削时也是顺纹刨，既省力又更容易刨得平整。

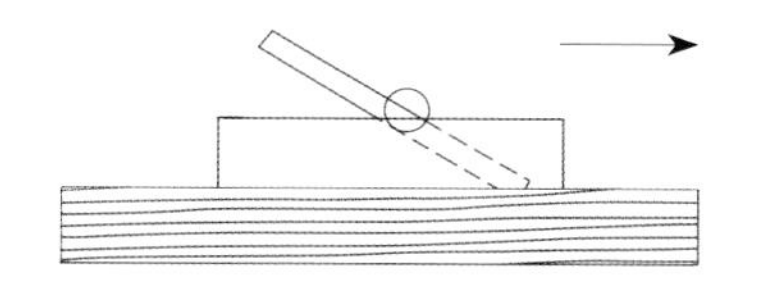

刨子始终保持平贴于木料，平行向前，开始时要避免“翘头”，刨到末端时也要避免“低头”。

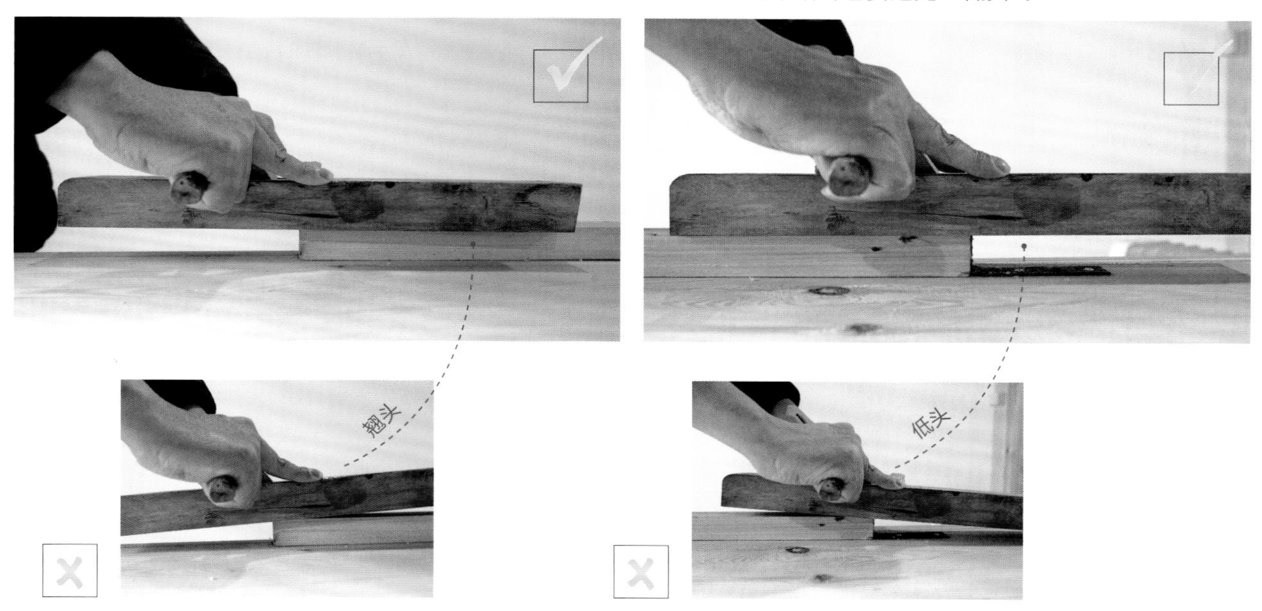

槽刨

主要用于刨削凹槽，常用槽刨的规格有 3~15 毫米，可根据需要选用适当的规格，初学可先准备 3~5 毫米规格。单手槽刨使用参照图示，双手槽刨使用参照平刨的使用要点。

单手槽刨的另一面

1 单手槽刨 / **2** 双手槽刨

单手槽刨的使用

小知识

西式刨一般有一个调节刀片进出的螺杆装置，有前后手设计，前手把控方向，后手用力，对于初学者来说很容易操作。日式刨也叫拉刨，没有把手，使用时向自己方向拉，据说是因为日本软木制品较多，便于操作。而中国传统刨多为推刨，中式家具以硬木为主，需要的力气大，推刨容易发力，但需要靠经验和力道把控方向，相比较而言更难掌握。中式刨子种类很多，除了书中涉及的，还有拉刨、蜈蚣刨等。

1 西式刨 / **2** 日式刨 / **3** 中式刨

边刨

主要用于木料边缘的裁口，将边缘刨出圆弧边或方边，有边方刨、半圆刨、铲胖刨等都属于这种类型。

边方刨

顾名思义就是可以刨出方形边口。

边方刨

边方刨的使用

半圆刨

需要弧度时会使用到圆袍，外形与平刨类似，但是刨床底部不是平的，而是有弧度的。

半圆刨正视图

半圆刨反面视图

平刨反视图

铲胖刨

铲胖刨刨出的是一个有圆弧的直角，更像是边方刨和半圆刨的结合。

铲胖刨的使用

小贴士

其他类型的刨子使用时都可参照平刨的使用要点。

凿子

凿子是木工开孔、开槽、削、刻时常用的重要工具。凿子的种类很多，根据凿子金属头部的形状不同可分为平头凿、斜头凿、圆头凿，其中圆头凿多用于凿圆孔和圆槽，而使用较多的平头凿又可以根据厚薄尺寸不同分为厚凿、薄凿、宽凿、细凿等。中、西式凿子差别不大，使用时根据开孔的形状和尺寸选择适合的凿子。

使用技法和姿势

凿孔之前先画好位置，如图所示坐在木料一侧，左手握凿子手柄，右手拿锤，凿子垂直木料放正。这个姿势是长久以来木工师傅们在劳动中总结出的，既方便发力，又安全。尽量先在长料上完成凿孔后再根据需要截短，如果木料实在太短，可以先将短料固定好再凿。

侧视图

根据孔的尺寸选择凿子的类型和宽度（通常孔的宽度等于凿子的宽度），垂直敲打，垂直凿刻，小心不要超过预先设计的画线区域。凿刻过程中，根据实际需要凿子**可以前后倾斜，但不能左右晃动**。

俯视图

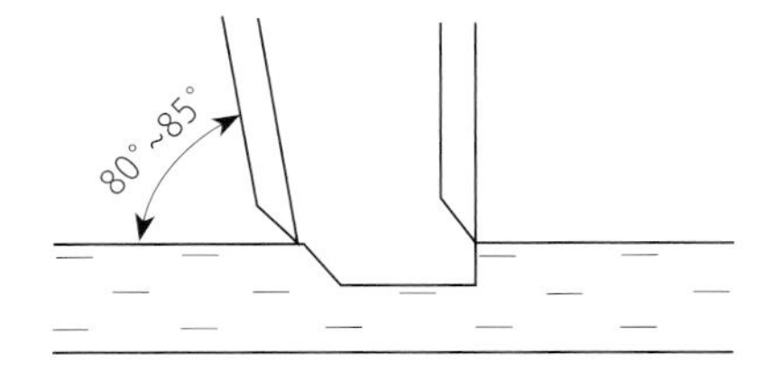

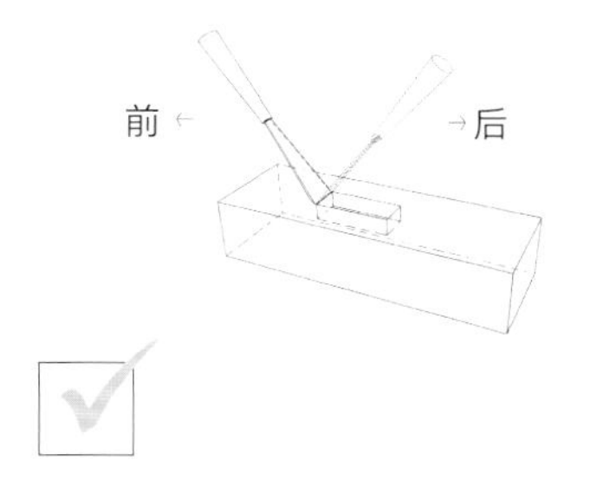

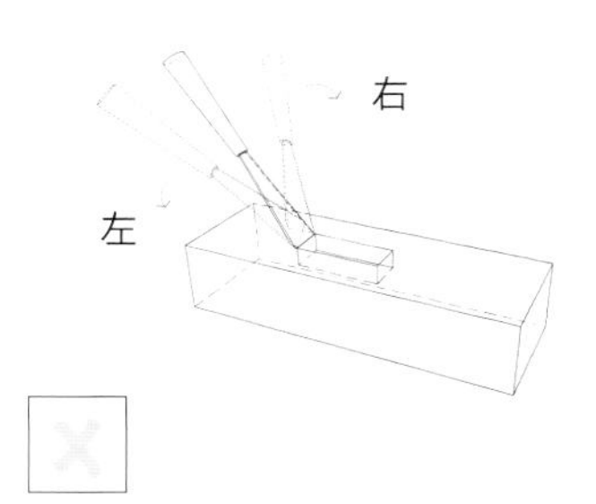

凿子的其他用法

凿榫槽

凿细小的凹槽

细微雕刻

钻

“钻”是制孔的另一个重要方式，“钻”的类型也有很多，爸爸最常用的是传统的牵钻。牵钻由中间的主杆，穿过牵绳的拉杆和钻头组成。钻孔时，左手握住主杆上部的把手部分，并且向下用力稳住，右手水平前后拉动拉杆，拉杆牵动绳索，带动主杆连接钻头的部分旋转，使钻头钻入木料。

牵钻使用

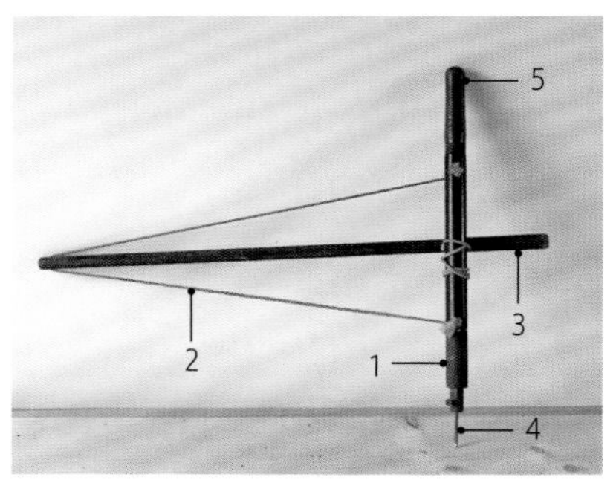

1 主杆 / **2** 牵绳 / **3** 拉杆 / **4** 钻头 / **5** 把手

钻头

小知识

传统的牵钻可能已经不常见到，家用的手工电钻更容易获得，并且使用方便。不论何种钻，制孔的原理、方法和要点都是相似的，都是先画出制孔的中心，钻头对准这个中心用力，钻的过程中注意保持钻头和木料的垂直。

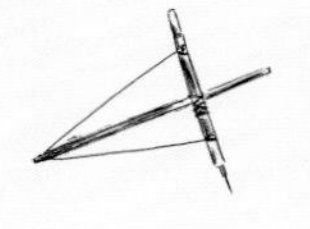

其他工具

手工工具除前面介绍的尺、锯、刨、凿、钻等，还有打磨用的砂纸、锉刀，敲打用的锤子、斧头等。

砂纸

砂纸用于打磨，目数越大打磨效果越细腻，先使用小目数砂纸打磨，后使用大目数砂纸。想要获得光滑细腻的作品离不开最后的打磨。

锉刀

木锉有大小之分，主要用于细节处的造型和修理其他工具不方便处理的角落，需往一个方向使力效果才好，勿来回搓动。

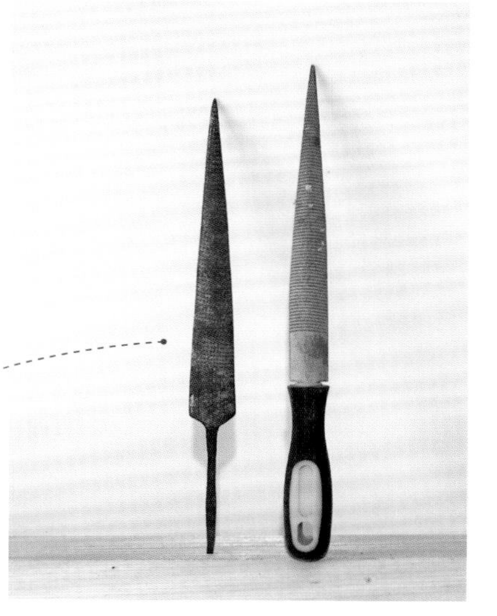

锤

锤子用得较多的有平头锤和羊角锤。除了铁锤，还会用到木锤和橡胶锤。三种锤子材质不同，适合不同场景，铁锤适合敲钉子、凿子，木槌多用来敲入榫卯，橡胶锤用于更轻微地捶打修整等。当然工具的分工没有严格刻板的要求，可根据实际需求恰当选择使用。

1 平头锤 / 2 羊角锤

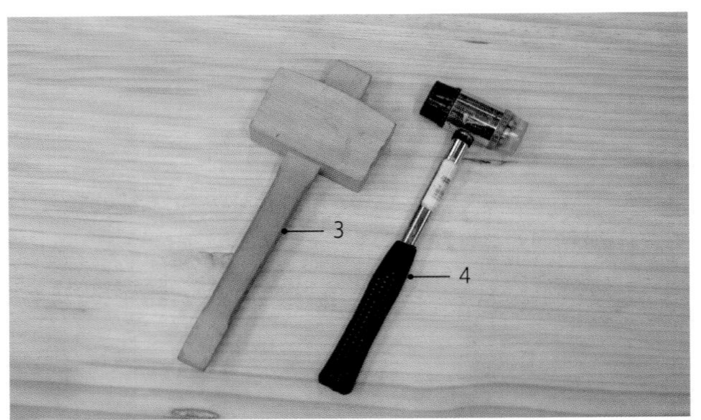

3 木槌 / 4 橡胶锤

斧

斧子现在已经极少用到，以前用来劈去多余的木料，把圆木劈成方料等，也用来敲凿子。

小趣谈

传统木工用的斧头，它的木柄并不塞满，爸爸说是有学无止境、手艺不到头的寓意。这里也用不到头的斧子作为工具部分的结尾，希望读者朋友们，不要着急，慢慢积累，打下扎实的基本功，总有一天能够熟能生巧，妙手生花。

初识木材

木材家族种类众多。木头本身没有好坏，关键是要因材施用，根据木材的硬度、颜色、纹理和最终用途选择最适合的木料。

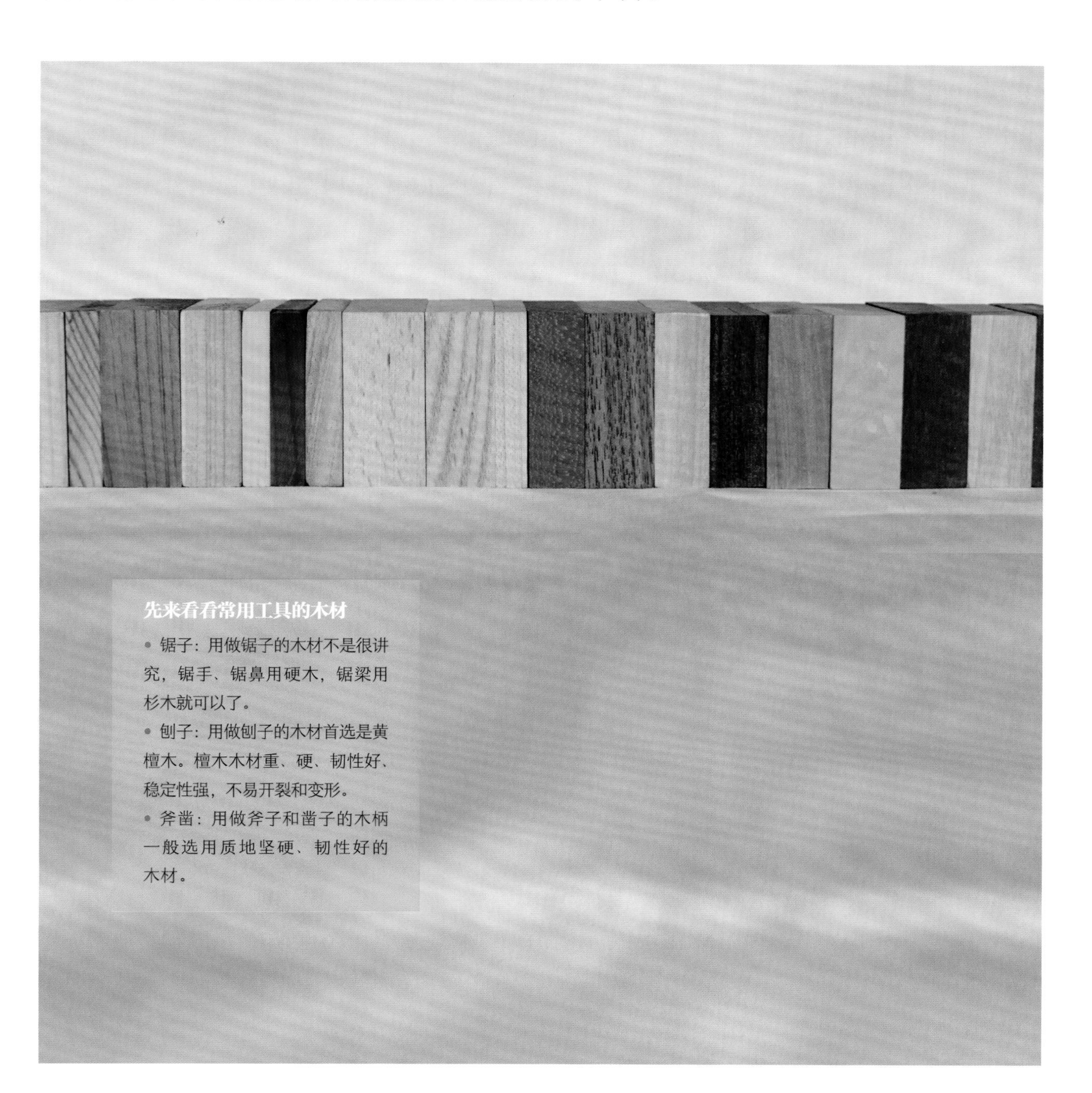

先来看看常用工具的木材

- 锯子：用做锯子的木材不是很讲究，锯手、锯鼻用硬木，锯梁用杉木就可以了。
- 刨子：用做刨子的木材首选是黄檀木。檀木木材重、硬、韧性好、稳定性强，不易开裂和变形。
- 斧凿：用做斧子和凿子的木柄一般选用质地坚硬、韧性好的木材。

这里给大家介绍一些日常生活中常见的白木木材和它们的用途。

杉木

木材纹理直，结构均匀，不易变形开裂，适合做门窗。

银杏

形材大、结疤少、光泽细腻、硬度小，易加工，适合雕刻，常做家具和版画雕刻。

云杉

材质轻柔，纹理均匀，结构细致，易加工，具有良好的共鸣性能，常用于制作乐器。

红豆杉

密度高、硬度大，木质细腻，很合适做家具、器物等。

重蚁木

木材重，强度及硬度高，稳定性佳，常用于户外、地板和橱柜。

橡木

市场上的橡木常分为红橡与白橡。橡木木质较硬，纹理直而均匀，适合制造各类家具及箱柜。

白橡木椅

红橡木椅

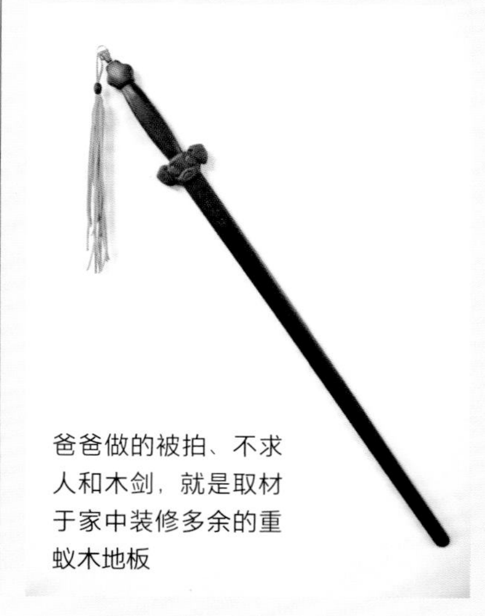

爸爸做的被拍、不求人和木剑，就是取材于家中装修多余的重蚁木地板

樱桃木

木质细腻、抛光性好，适合做家具及雕刻件。

香樟木

因为其独特的气味，有防虫作用，故而适合用来做箱柜，韧性很好，也常用于雕刻。

白蜡木

进口木材，纹理粗，花纹美观，易加工，顺纹抗压性强，适合制作家具、地板等。

白蜡木小组合家具

水曲柳

现也俗称国产白蜡木，但与前面的进口白蜡木不是同一种。水曲柳材质坚韧，花纹深浅交错，有光泽，具有弹性大、韧性好等特点，但木质较难干燥，容易翘曲。

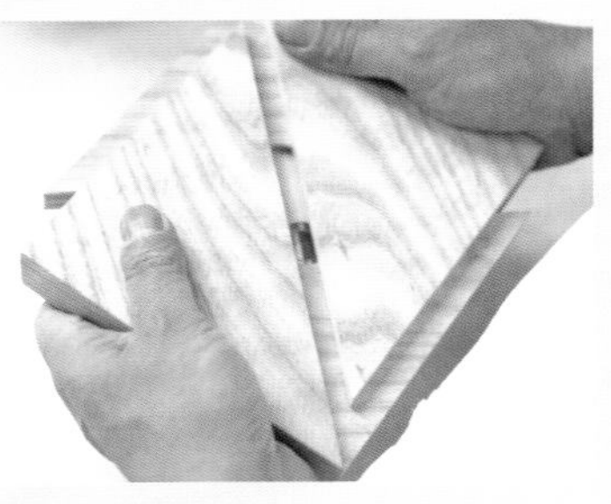

爸爸用水曲柳做的 CD 盒

樟子松

木料较松软，容易刨光，适合木工初学者练习使用，用于建筑、家具、船舶等。

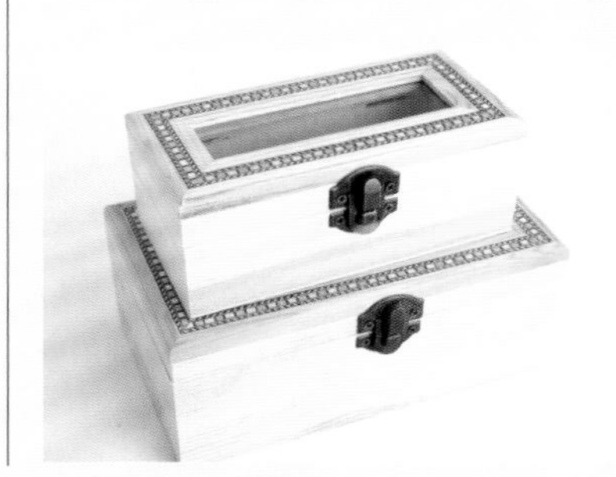

樟子松木盒

檀木

质地细腻、木质坚硬、抛光性好。常用于制造工具、家具、小器物等。

手工织布机的梭子

（梭子使用频繁容易磨损，故常用檀木、枇杷木等坚硬的木材制作）

檀木擀面杖

菠萝格

木质硬、稳定性很好，但木纹粗，所以加工难度高，做家具容易扎手，常用于制作地板、枕木、桥梁、装饰板等。

爸爸用菠萝格做的别致拐杖小马扎凳

黑胡桃木

木质软硬适中、容易加工，颜色较深、结构细致，常用于制作家具、小器物等。

榉木

木质较硬、质地均匀，非常适合做家具。

传统木工基础练习

这里我们不但学习方料、板料的刨制技巧，还将认识和学习传统木工的精髓——榫卯结构。

方料和板料的准备

方料和板料作为木工制作的基础部件，也是加工许多造型的前提准备。而一块方方正正的木板，看似结构简单，但要做到面平、角直、尺寸精准，远非看上去那么简单。

• 读者也可以购买现成的方料和板料省去自己制作的环节，但是学习自己制作，有助于更好地认识木工和木料。而且购买的尺寸不一定都符合自己的需要，总免不了再次加工。

木料的四个平面

木料的四个平面两两平行，两两垂直，先来学习图示中四个平面的制作。木头是有纹理的，取料时也要顺着木纹取料，并且尽量避开木头的节疤，取木料最好的一面做第一面，其他刨取顺序参考如下。

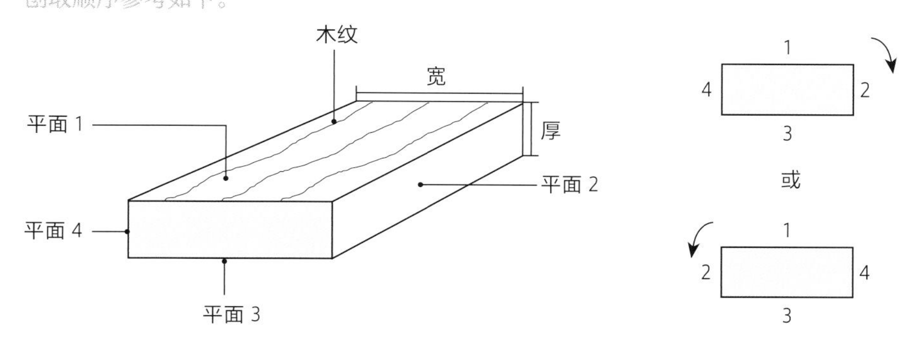

平面 1

挑木质最好的一面作为处理的第一面，如果是毛料先用粗刨处理，然后再用细刨刨平整，刨制时如能刨出一整片刨花，是最佳效果。不论粗刨还是细刨，注意手握稳，刨子始终保持平直，不翘头、不低头，左右不晃动（参见第 17 页平刨的使用技法和姿势）。

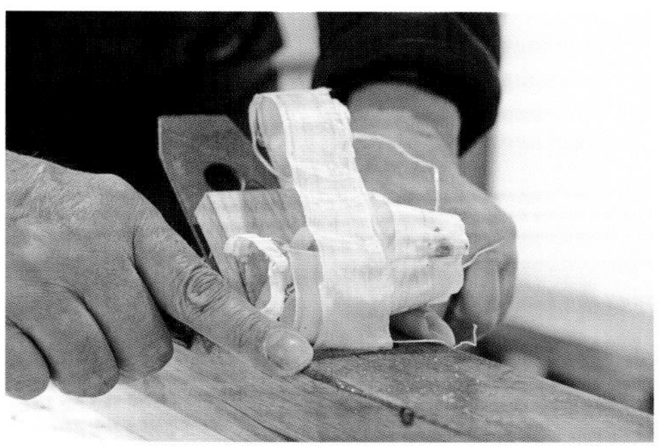

单眼目测是否刨得平直，如果有弧形，着重刨凸起的部分。除了目测，也可借助角尺或其他平面校验（参见第 37 页），注意校验的尺自身要平直。反复修整直至达到要求。

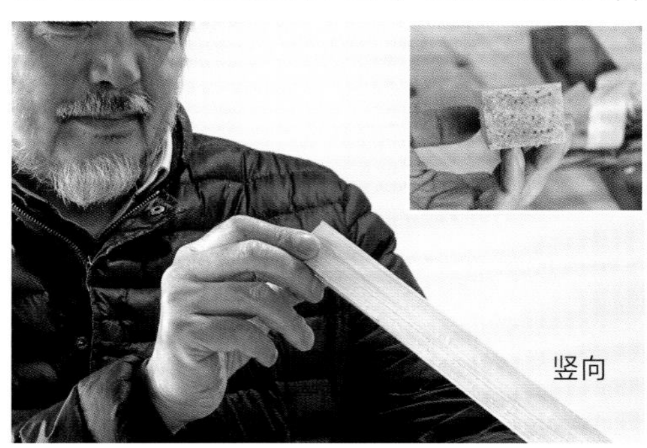

◎ 平面 2

将刨好的平面 1 作为基准面，画上标识。然后在平面 1 相邻的两个侧面中，选择较容易处理，即本来较为平整的一面作为第二个处理面。处理方法与平面 1 相同，细刨刨平，单眼目测。

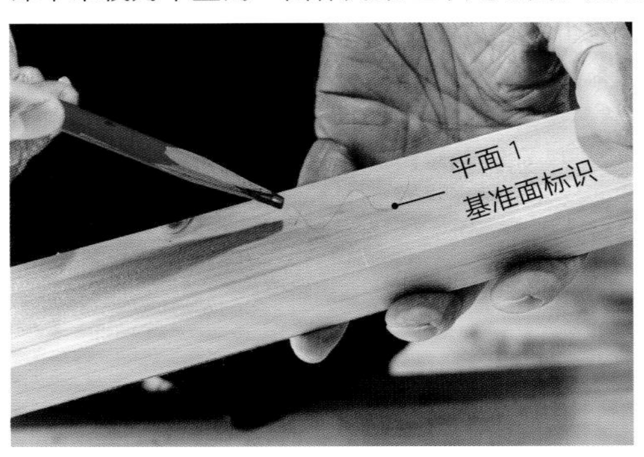

还需用角尺检查平面 2 与平面 1 是不是成直角。角尺宽边卡在基准面，至少需要对前、中、后三个点进行测量和校准。

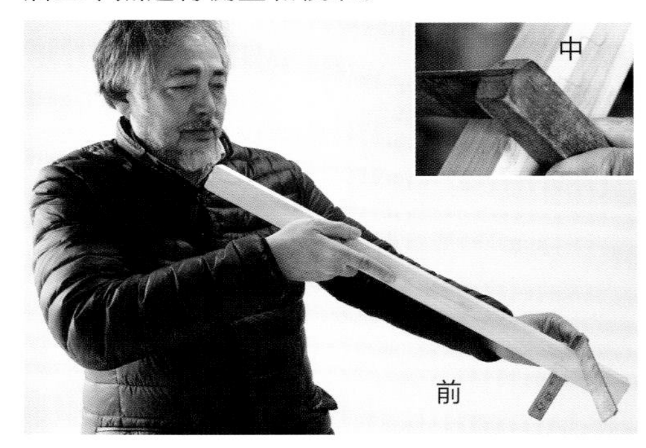

反复修整达到面平、角直，在平面 2 也画上基准面标识。然后在平面 2 上画出方料的厚度尺寸线，为第三面做准备。

平面 3

相同的方法刨取第三面，刨到接近平面 2 上画的尺寸线处，重复单眼目测平直，角尺校验垂直。

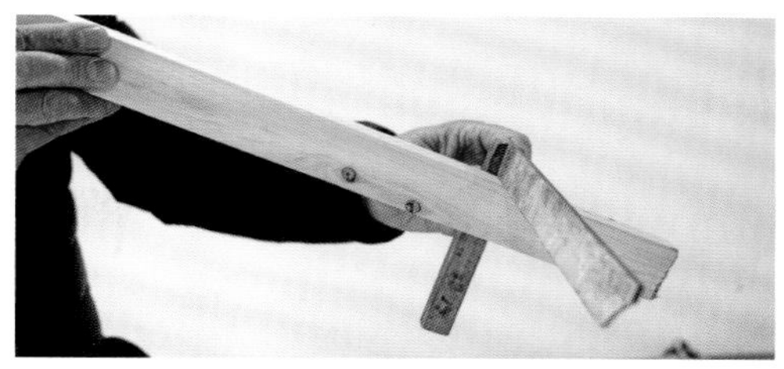

平面 4

刨取第四面之前，需要先在平面 3 和平面 1 上画出宽度的尺寸线。为了不弄错，这里有一个调头、翻面的动作。

平面 1 和平面 3 的尺寸线画好之后，相同的方法就可以刨取最后一面了。注意，平面 3 和平面 4 都不用再做基准面标识，因为测量时，角尺的宽边总要靠在基准面上，所以基准面标记两个即可。

要点

注意木纹方向，先取基准面，刨子要平稳，单眼视平面，角尺测垂直，画线定尺寸。

板料的制作

板料与方料类似，制作方法和顺序都可以参见第 33 页。只是板料的平面面积越大，越难以刨得平整，对掌握刨子的娴熟度要求就越高，这里除了熟能生巧，还有一个小小的制作技巧。

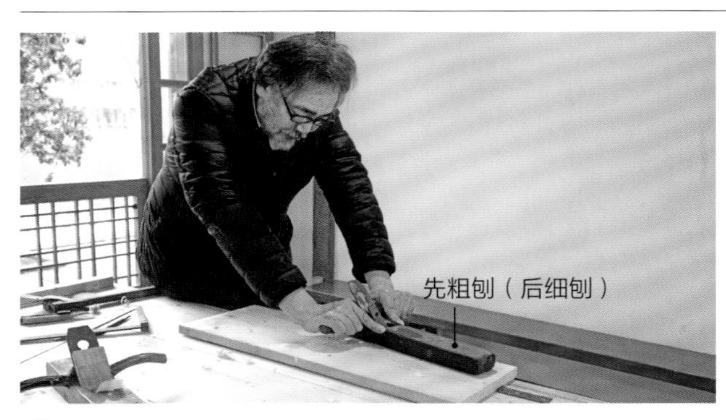

① 如果是毛板，先用粗刨处理，再用细刨大致刨平，注意刨子的平直。

② 在已经刨得较为平整后，将板横过来刨一下，注意刨子稍微斜一点刨，以防勾掉边缘的板角。

③ 两个端头各刨出一个缓斜边。

④ 此时再单眼观察平直程度并修整。因为两个端头的缓斜边，使得竖向单眼目测时更容易看清不平的区域。

⑤ 再修整刨平。

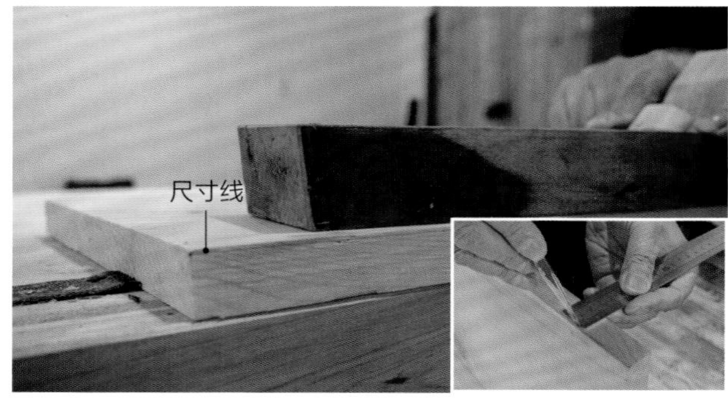

⑥ 平板的厚度同样参见第 33 页的方法，先在侧面画出尺寸线，再换面修整。

通角线

刨取好四个平面，下一步就是在木料上画线，然后锯取需要的长度，或者做其他下一步操作。单个平面内的画线没有什么特别之处，但在相邻两面或者相对的两面上画通角线，要保证所画的直线不发生偏移，这里小小的角尺发挥了大用处。这个画线的方法也是基础的画线方法之一。

① 选择相邻两个面作为基准面，画线标记（或者沿用第 34 页平面 1 和平面 2 的标记，这里默认四个平面已经处理好）。

② 角尺的宽边卡在基准面上，按照预先设定的长度位置画线。

③ 一面画好后旋转木料，用相同的方法画另一面。角尺的宽边始终卡在基准面上，画出的线才不会有倾斜。注意两条线衔接准确。

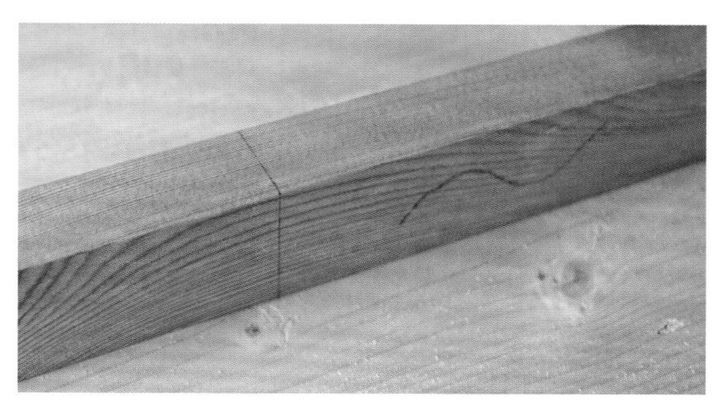

④ 依次完成其他两面的画线。第 44 页燕尾榫，51 页四脚八叉凳子，以及书中其他作品的画线，都将用这个方法。

小贴士

平板的校验也可以借助角尺或者其他可得平面，但是前提是校验平面自身是平直的。

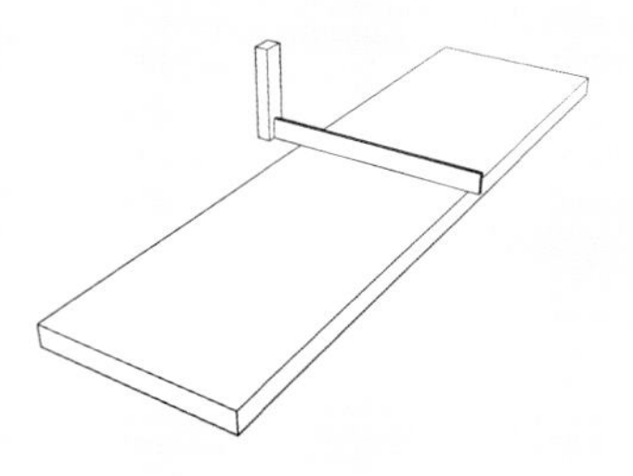

榫卯

榫卯结构是木质构件的一种结合方式，可以说是我们传统家具和木建筑中最具有特色的闪光点，蕴含和沉淀了无数能工巧匠的智慧。

• 榫卯结构可谓有千般变化，万种形态，又因地域和技术流派等差异，即便同一结构可能有多种不同的名称和叫法。这里只打开榫卯结构的冰山一角，欢迎读者朋友们能去探研和发现更多的榫卯结构。

常见的榫卯

传统的榫卯结构有许多类型和结合方式，包含无穷的智慧值得我们学习。这里只按照榫的不同形状，介绍几种生活中常见的或本书作品中涉及的榫卯类型。一般凸出部分叫榫（榫头），凹进部分叫卯（榫槽、榫眼）。

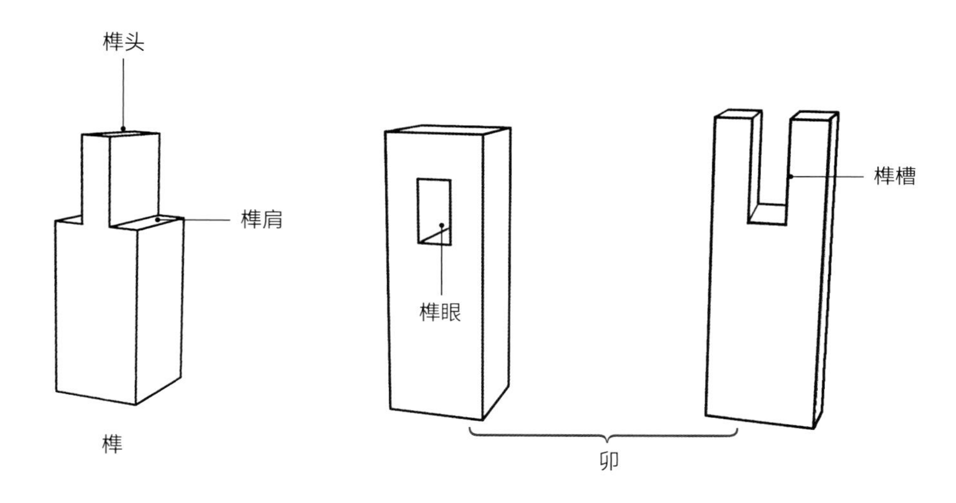

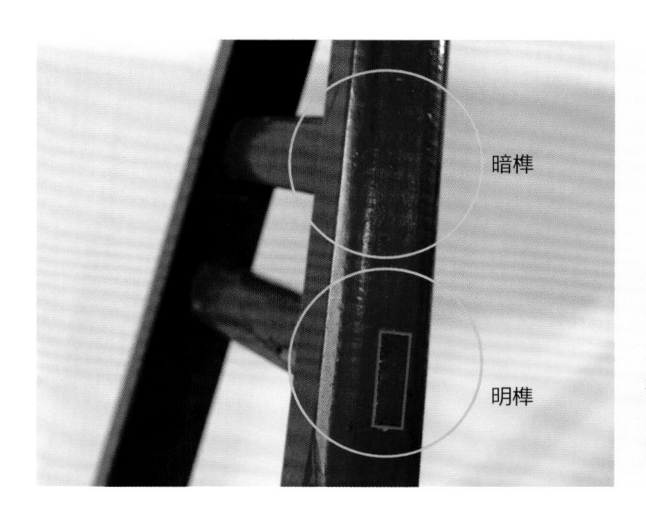

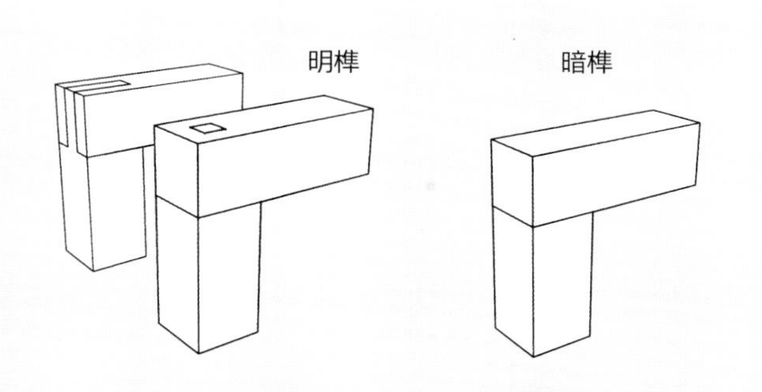

榫卯结合后，在卯的另一侧能看见榫头叫明榫或贯通榫；在卯的另一侧看不见榫头叫暗榫或非贯通榫。一般而言暗榫更加美观，明榫更加牢固。

单肩直榫

一般用于板的内侧衬档，也可以叫暗衬档，主要起到增加板的强度，辅助板的平整度的作用。

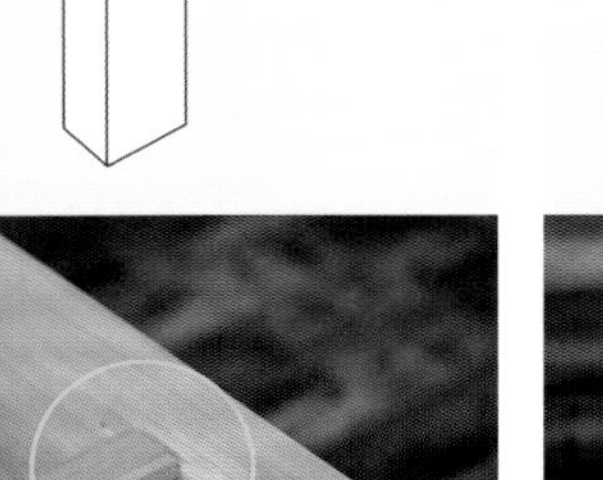

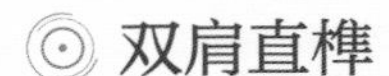

双肩直榫

一般用于上下边外面的横档，比如梯子档或者架子形式的横档。

三肩直榫

一般用于上下门冒头（门上下横档）和柜子上下冒头的横档，特殊情况时用到四肩榫。制作时注意榫头留有余量（找头），敲进卯后再锯掉多余的部分。

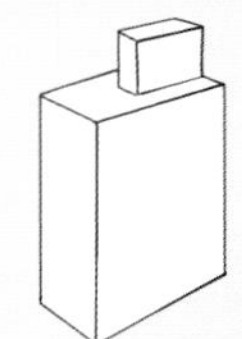

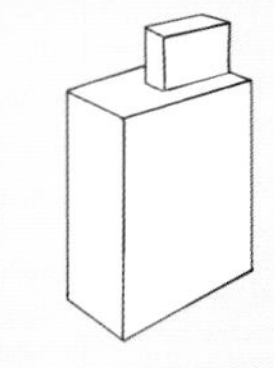

销、楔、钉

传统木工常用一些配件和榫卯结构一起使用，用于连接、加固、拼嵌等，其中较为常见的有嵌销（楔子）和竹销（竹钉）两种。嵌销用相同种类的木头或硬木制成，常用于明榫的加固；竹销为竹制，常用于拼板和暗榫的加固。另外，还有燕尾销、透销、插销等其他类型。

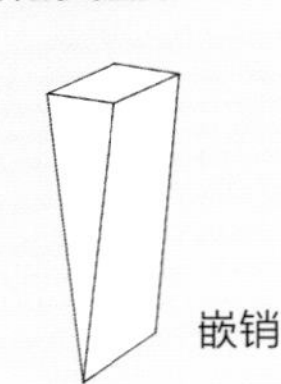

嵌销

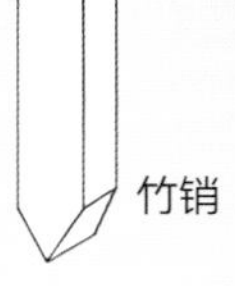

竹销

固定榫头的嵌销、竹销

使用竹销的拼板

燕尾榫

燕尾榫是镶嵌式的，适合用于两个平板的垂直相连，经常出现在盒、箱、柜、抽屉的垂直边。使用燕尾榫的好处在于增加相互牵拉的强度。

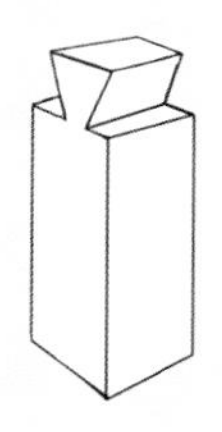

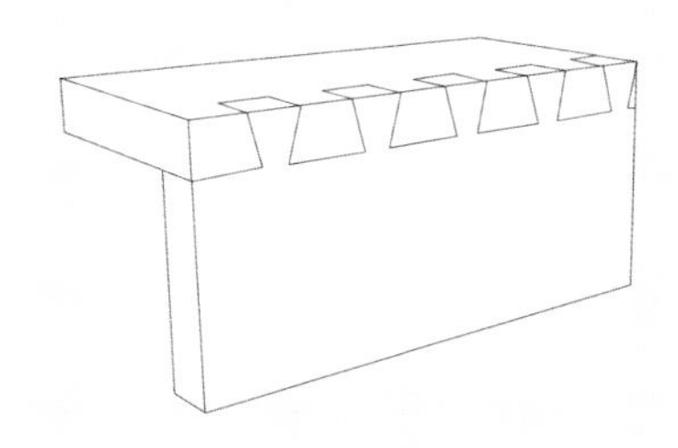

攒边榫

攒边榫主要用于装板四周的拼接。

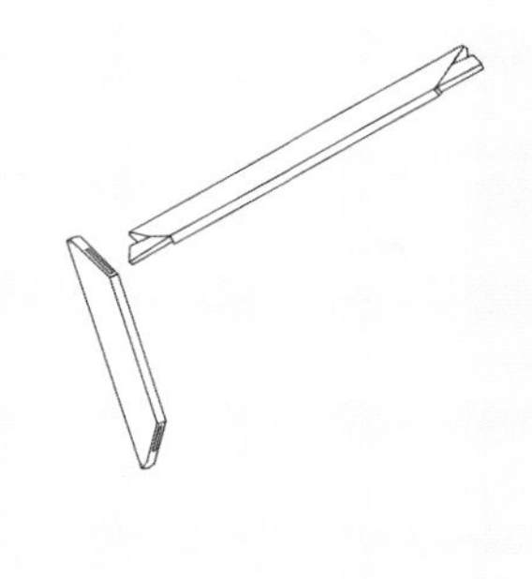

格肩榫

一般用于暴露在外面的横档，有单肩、双肩的，有抱肩、不抱肩，具体根据不同位置选择。

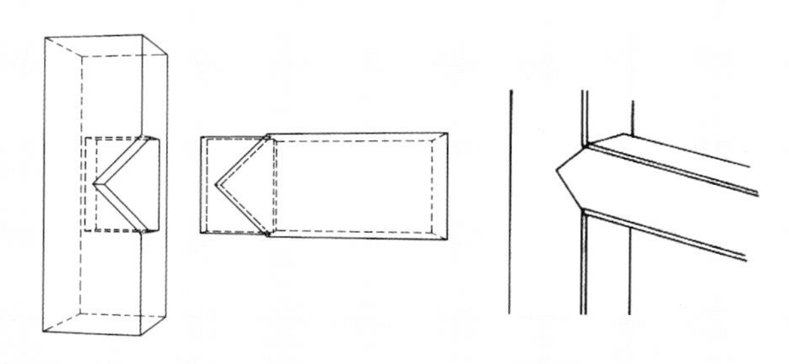

榫卯制作技巧

爸爸多年的经验总结是先卯后榫、恰当缩放。先做卯（榫眼、榫槽），再根据卯的尺寸制作和修整榫头，其优点是更易操作，最终实现严丝合缝、结构紧实的要求。

先卯

榫眼的制作，有两种方式，一是用凿子凿刻（参见第 21 页），二是先钻孔再用钢丝锯镂空（参见第 13 页）。如果不平整，细微处再用凿子修整。

榫槽的制作可根据图线先用框锯锯出边缘，再用凿子凿刻。需要修整也用凿子，尽量不用锉刀的砂纸，以防止磨出弧形，榫卯结合就难严丝合缝了。

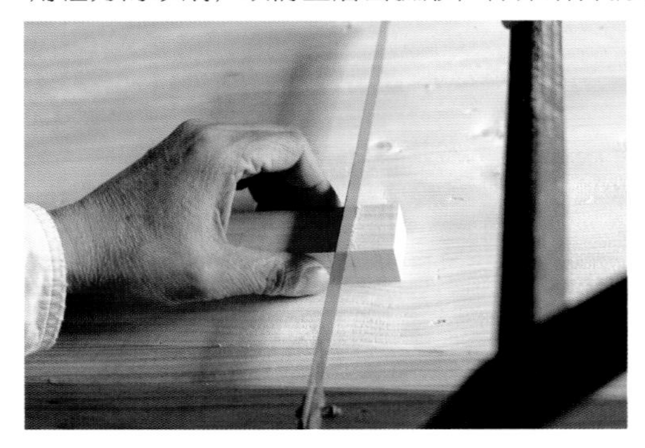

小贴士

更多的制作细节，可以在后面的作品中仔细观察和体会。

后榫（榫头）

榫头的大小要和榫槽、榫眼契合。为了做到最终榫卯结合得紧实，在锯榫头时可以适当“让线”，让的方法有锯在线外也叫“让整线”，或者锯在半线的位置也叫“让半线”，绝对不能锯在线内。

恰当缩放

因各种木头材质的差异，使得木材本身软硬度和收缩率各不相同，原则上软的木头“让”多一点，硬的木头“让”少一点。但是宽度方向上能“让”，厚度方向上不能“让”，厚度尺寸必须准确，因为榫头如果在厚度方向“让线”，装入卯时，容易把卯撑裂。

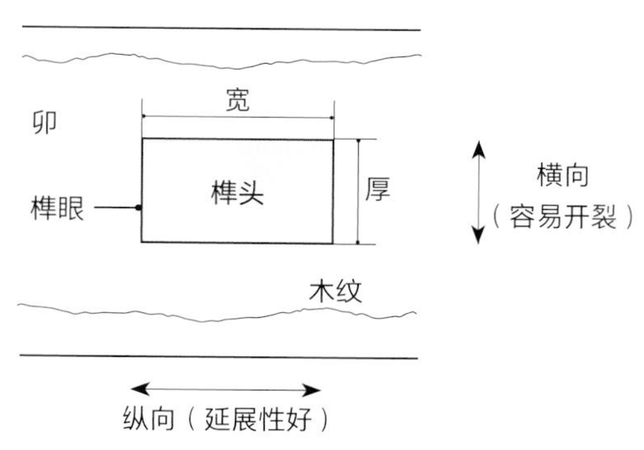

燕尾榫制作技巧

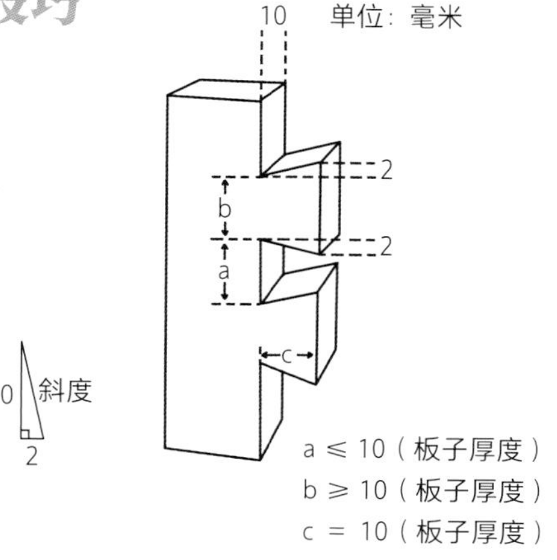

传统木工的燕尾榫尺寸没有规定的数值，爸爸的制作方法是根据板的厚度来决定，例如板厚度是 10 毫米时，卯眼内边 a 不大于板的厚度，卯眼间隔 b 大于等于板的厚度，榫头宽度 c 等于板的厚度，榫头长边比 b 左右各长出 2 毫米（如图可根据比例放大或缩小）。自定义斜度制作燕尾榫时，需要注意榫头的倾斜角度不能太斜，因为木材有纹理，斜度太大了，敲榫时容易碎裂。这里以 a=b=c=10 毫米为例介绍燕尾榫的制作过程。

◎ 卯面

先在头部留出大约 3 毫米，画一条线，待榫卯装好后这部分会被修掉。然后画出 10 毫米的榫头厚度，注意侧面也要画线，最后画出卯眼间隔，也是 10 毫米。

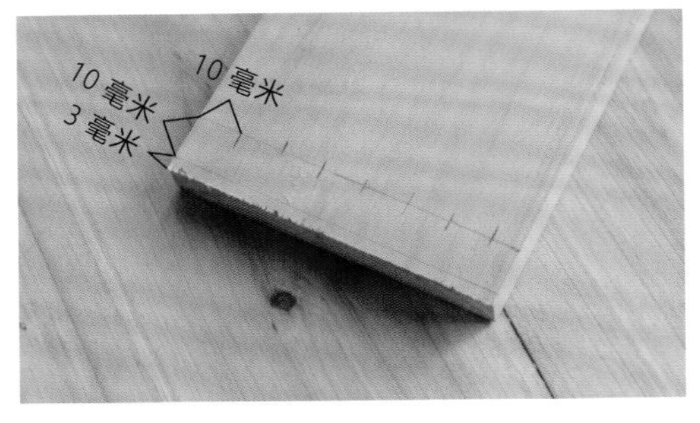

活动角尺定好角度（参见第 43 页直角三角形斜边的倾斜角度）后画线，隔一条画一条，然后调转画反方向。

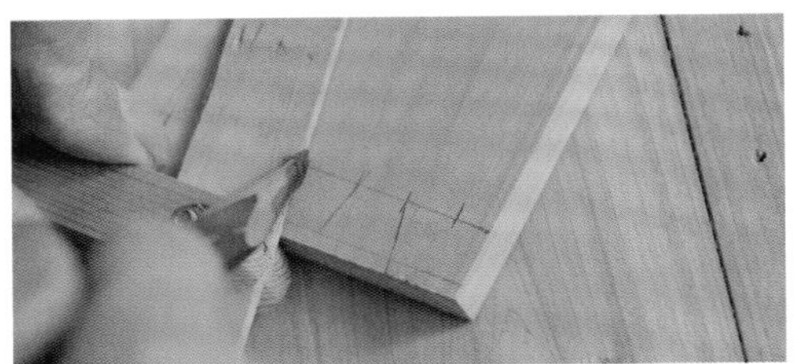

初学者制作时可以在需要锯掉的部分标记阴影，并在侧面套线，这样锯时有标准，更容易辨识。

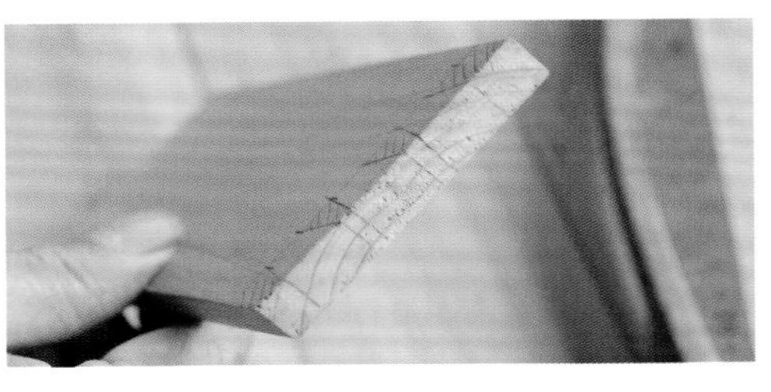

先用框锯，框锯锯不到的地方使用钢丝锯，在锯的时候最好养成“让半线”（参见第 43 页）的习惯，这样制作出的榫头不易出错，且最后榫卯结构紧实。完成后得到卯面。

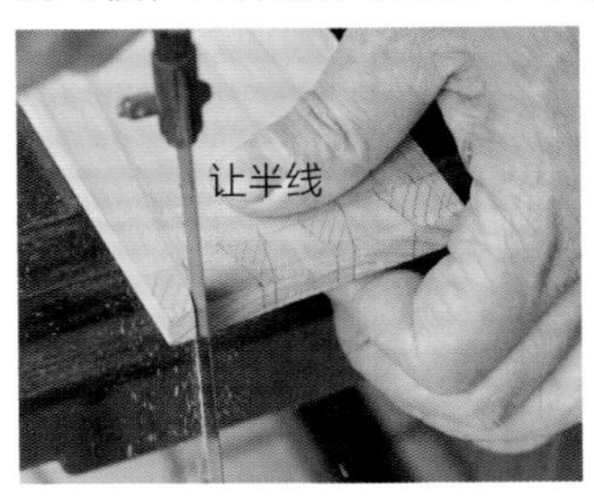

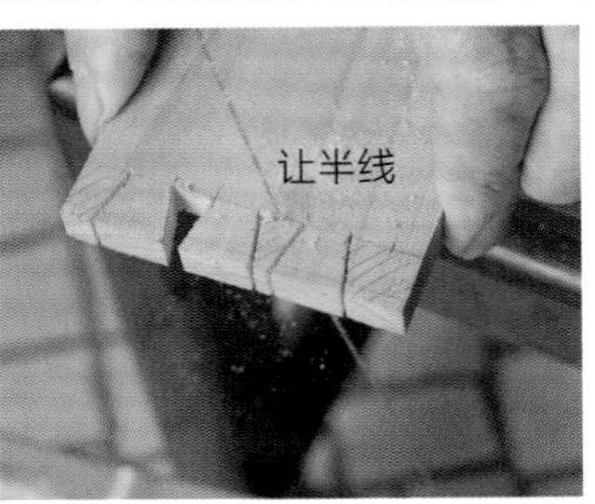

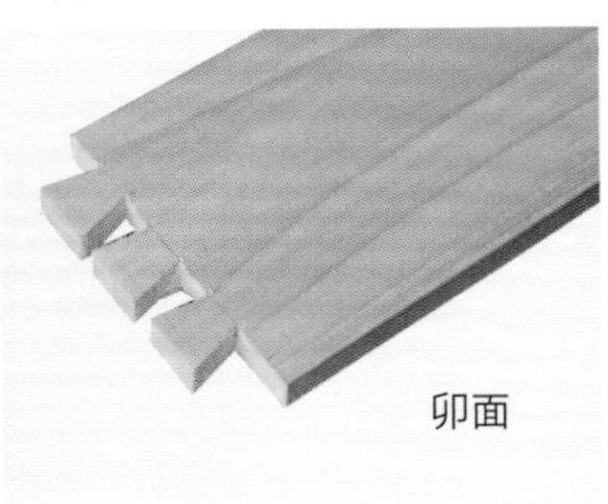

榫面

榫面的画线与卯面相同，先画好两条决定榫头宽度的线，然后用侧面对齐做好的卯面。

根据卯面套画榫面的线，再用角尺将侧面上的线引至板的正面。

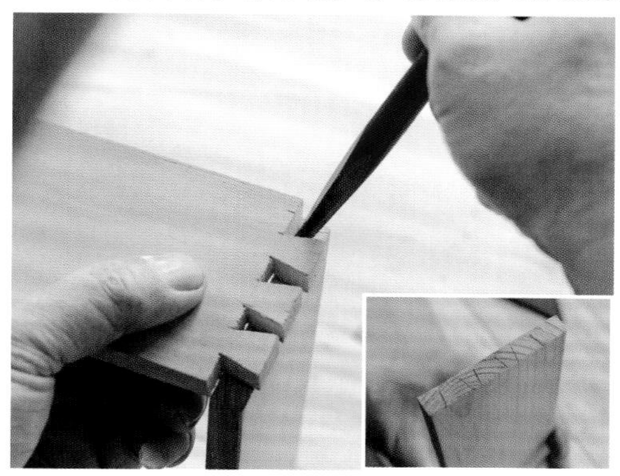

画好榫线后，开始锯榫面，注意从侧面沿着线锯。

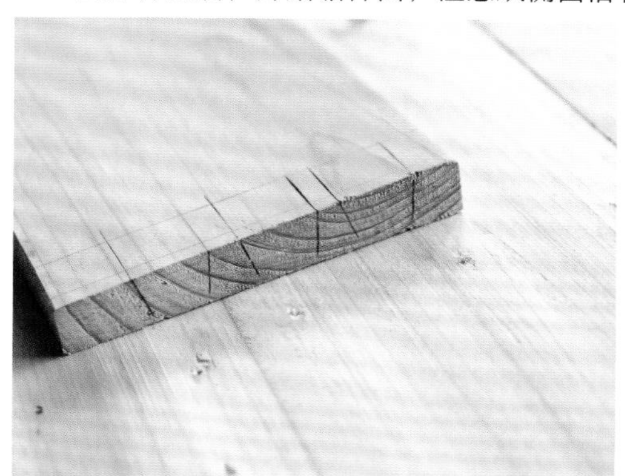

注意，为了以后和卯面结合紧密，锯榫面时要“让整线”，这样榫头才紧，内侧线还是“让半线”。

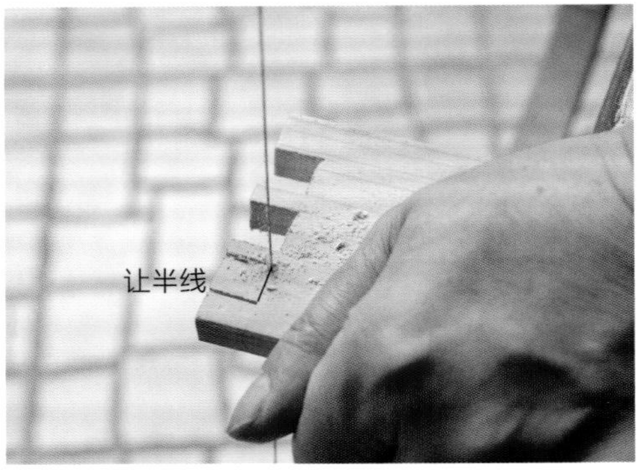

锯好后如果不够平整，用凿子修整。

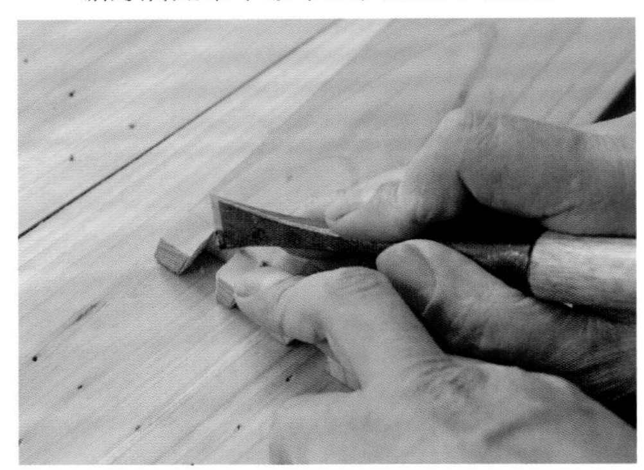

燕尾榫结合

有一个小技巧，在榫面的内侧面（组装后盒子内侧一面），用刨子或者锉刀做出一点斜面，这样不但便于组装，还能防止敲榫头时撑裂卯面。

拼合之前先用细刨刨除铅笔线。榫卯的结合很紧实，需要借助锤子敲击，注意力度要适当。

因为会有榫头突出，在快要全部敲入时，在下面垫一块木头；或者反过来敲，在上面垫一块木头。完全结合紧实后锯掉或刨掉多余部分，再打磨修整即可。

卯面

榫面

小贴士

设计时为了美观会把箱盒的长面定为卯面，但如果箱盒的长面有提手，长面做成卯面盒子容易散开，这时就会把短面做卯面。制作箱子、盒子直角边用燕尾榫时常先做卯面，因为这样更容易控制卯面榫头，让它们尺寸均匀，更美观。而在做抽屉时，会先做榫面，榫面画线是直线，制作速度更快，后做卯面就算卯面榫头大小不一，因为在内里看不到，也不影响视觉效果。

四脚八叉小凳

难度： ★★★★☆

在传统木工中有个默认的规则，就是把做好一个四脚八叉的小凳作为出师的标准。别小瞧这个小小的板凳，它的制作包含了几乎所有木工的手工操作基本要领。

• 四脚八叉与其他传统家具的榫卯结构有所不同的是，它所有的卯都是斜孔，所有的榫都是斜的单肩榫，受力时，向下凳脚向外分散所受的力，向上单肩斜榫的肩很好地撑住，这样的结构更牢固，且经久耐用。

准备

木材

凳面选用硬木，凳腿可选择杉木类较软的木头，软硬两种木质的结合，会使榫卯结合更紧实，凳子更加牢固。

成品尺寸

长 × 宽 × 高 =300 毫米 ×200 毫米 ×300 毫米

方料的准备

凳腿选用 30 毫米 ×40 毫米的方料，横档选用 30 毫米 ×25 毫米方料（凳腿和横档的长度参考图纸，可适当多留些余量，防止最后发现榫头不够长）；凳面选用 30 毫米厚度的板（凳面尺寸为长 × 宽 =300 毫米 ×200 毫米），取料时也可以稍有余量，方便打磨。净料的关键在于“准”，处理好的木料直、平，尺寸一致，直角精准（参考 32 页方料和板料的准备）。

图纸

（单位：毫米）

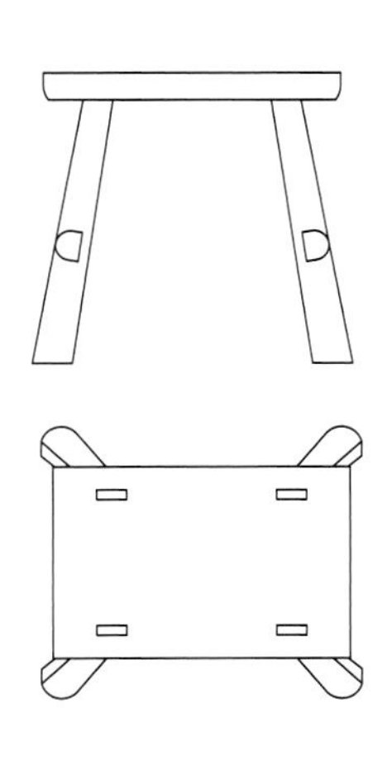

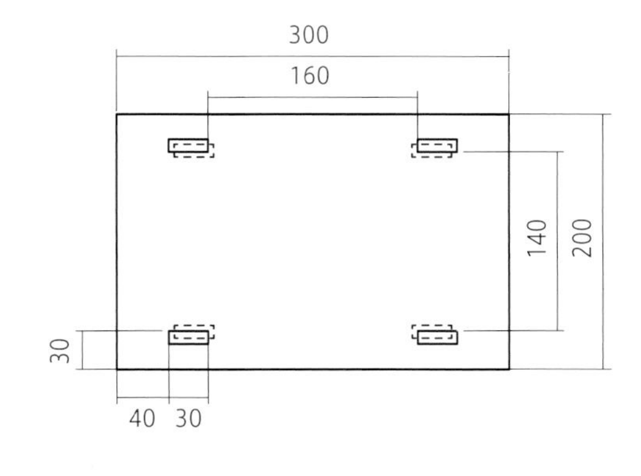

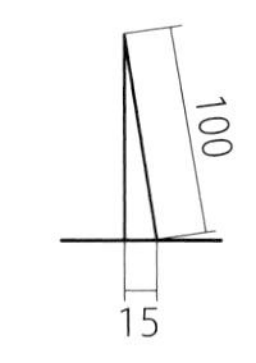

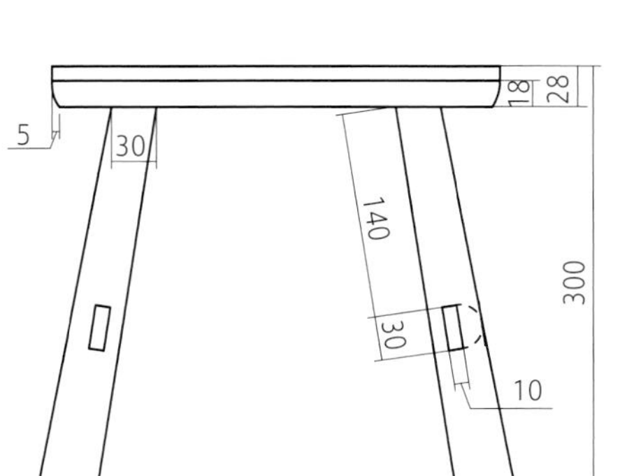

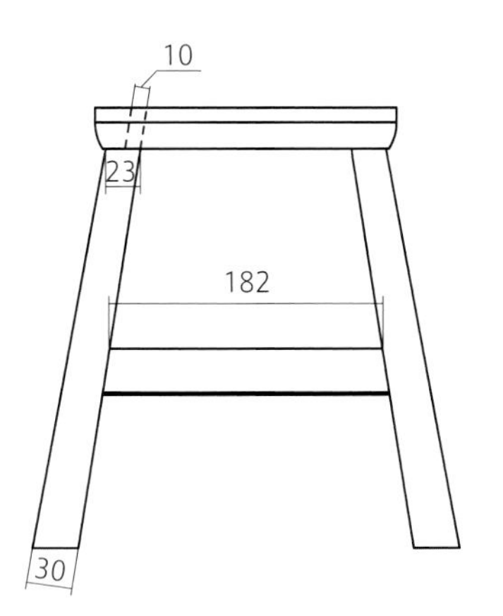

画线

四脚八叉凳子的画线是凳子可以制作成功的前提，也是难点所在，因为这里用到的所有榫都是斜的，使得画线和制作都增加了理解和操作的难度。读者可以根据书中的提示，结合第 45 页的图纸，比对操作。

定角度

可直接在木头上做草稿，将凳面当成草稿纸，绘制一个直角三角形。用活动角尺记录这个直角三角形的斜边斜度，之后所有用到斜线的地方，都会用这个倾斜角度。

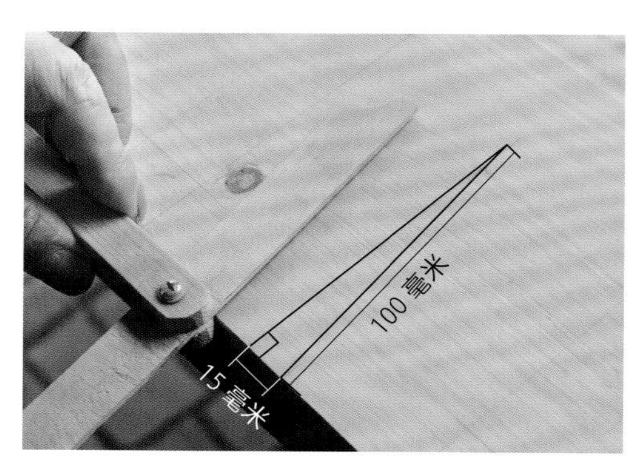

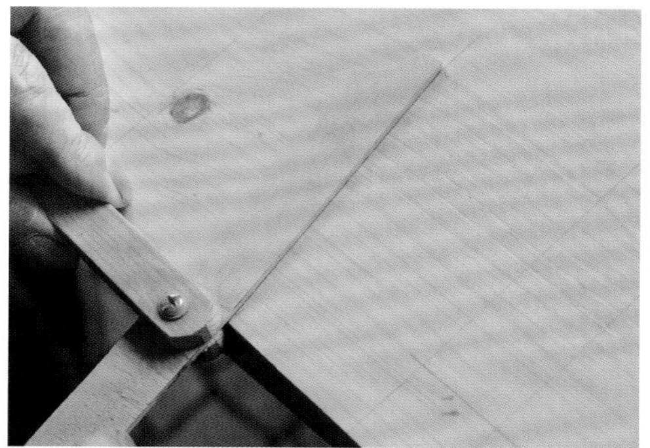

这个斜度也是木工师傅们根据美观和承重总结的经验值，木工行话称“一寸放三分”。这是一个比例概念，图示中 30 毫米表示“三分”，100 毫米表示“一寸”。这个“一寸放三分”的比例适用于小的四脚八叉板凳。如果是较高的板凳，斜度相应缩小才比较美观，所以通常低一点的板凳放“三”，高一点的放“二”。

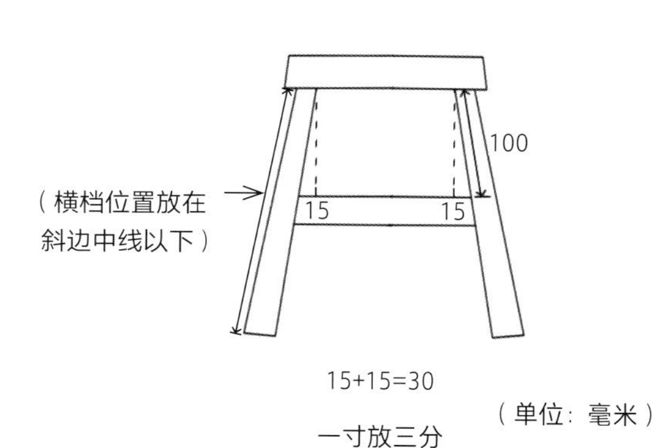

凳面

凳面上最重要的是 4 个斜孔即榫眼的位置，先画底面的榫眼，位置可以按照凳腿的横截面尺寸来定。这里凳腿是 30 毫米 ×40 毫米的方料，可如图所示画尺寸线。注意画榫眼时用三根线确定位置，而不是四根，这样凿孔时才有基准线，不容易出错（通常会以画两条斜线作为打孔的标识）。

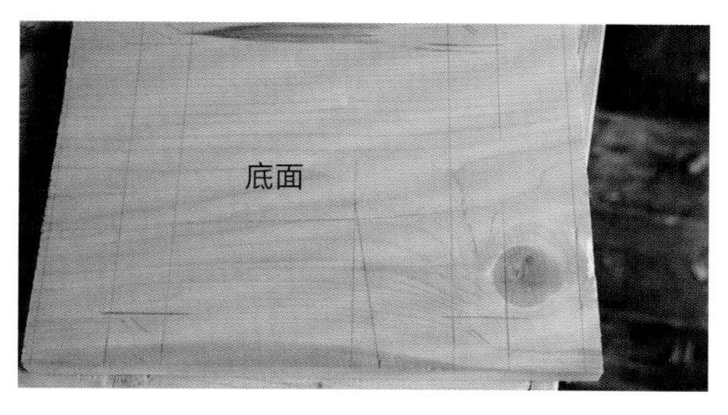

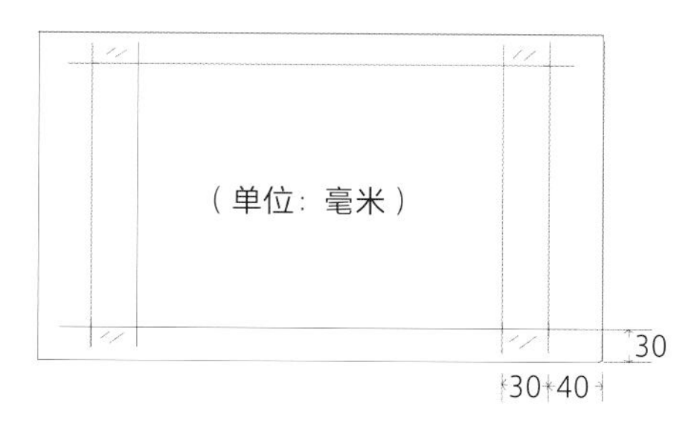

凳子底面的榫眼位置确定后，用活动角尺将凳子底面的线（直线）引向侧面（斜线），注意画线时活动角尺的宽边要一直摆放在基准面上，四个侧面画线的操作方法相同；再使用直角尺将四个侧面的斜线套引至凳子正面（直线），由此确定正面的榫眼位置。

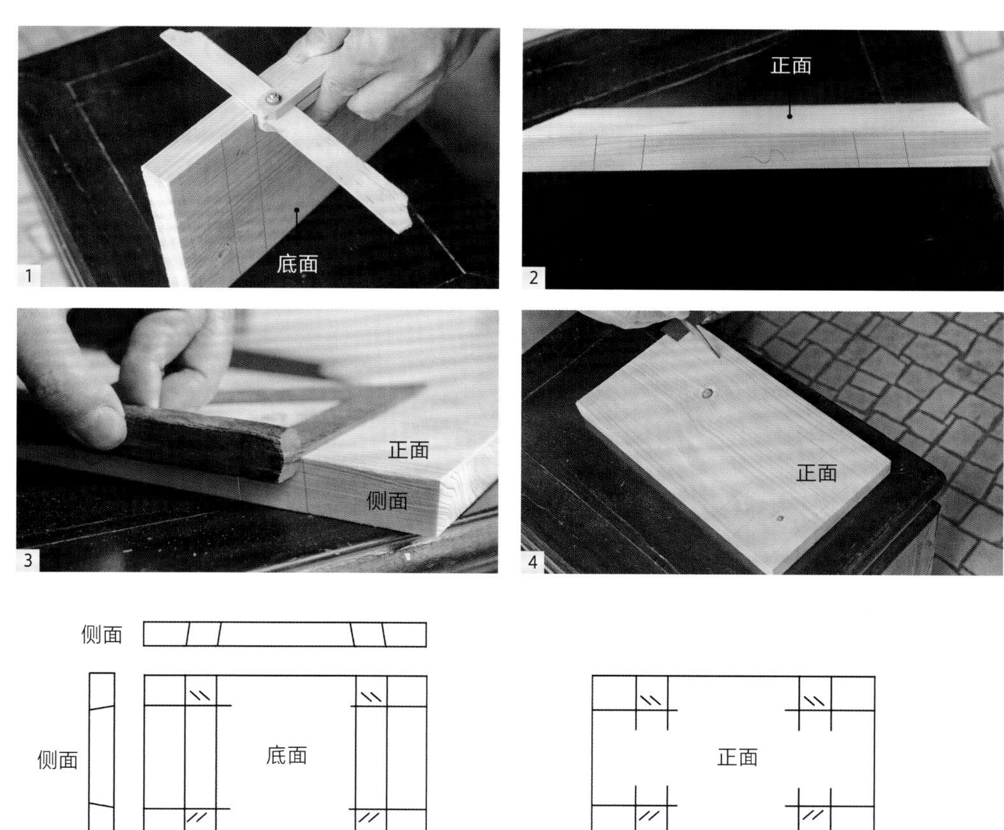

凳腿

凳腿上横档的榫眼位置，通常放在凳腿中线以下比较美观。在榫眼相同的面上用活动角度尺画出与凳面结合的榫头的斜线，可参考凳腿四个面参考图样，结合第 49 页图纸绘制。

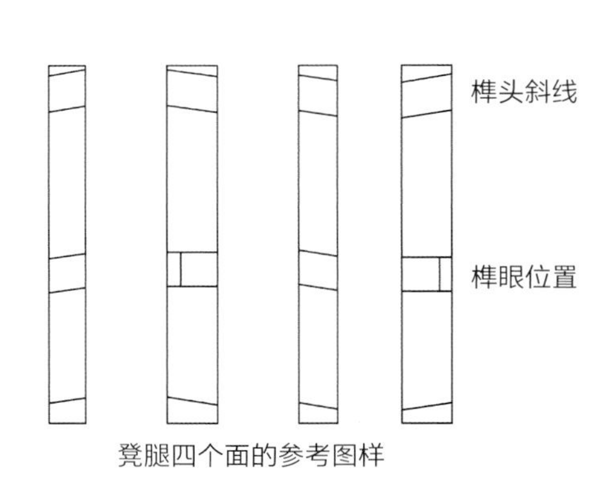

凳腿四个面的参考图样

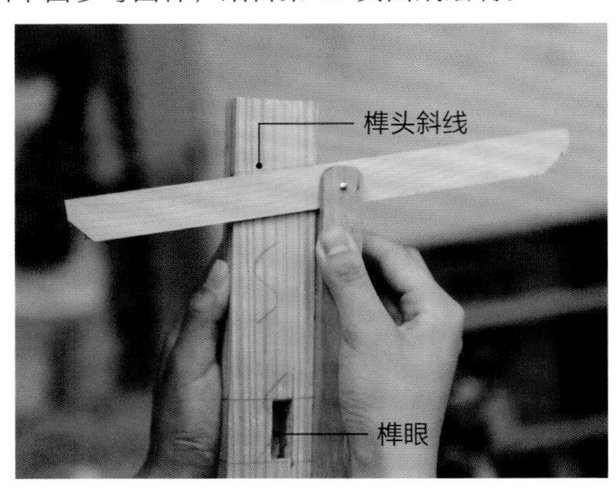

横档

横档的长度也参考“一寸放三分”的比例，结合第 49 页图纸，在侧面的基准面上，用活动角度尺画出斜肩线，再画榫头，未来就根据所画的线，锯出横档的榫头部分。

凿孔

因为四脚八叉所有的孔、榫头都是斜的。所以打眼时凿子适当放斜，根据角度上下对准，可以从榫眼中间开始向两边凿。注意凿子可以前后倾斜，但不能左右晃动（详见第 21 页）。这里凳面和凳腿的榫眼都是贯通的明榫，完全凿通就可以。

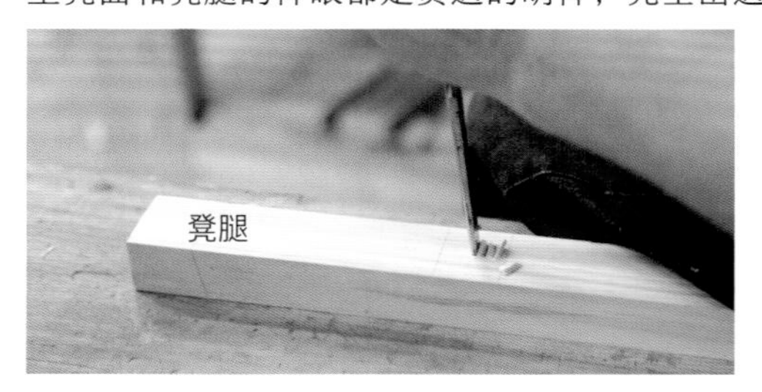

锯榫头

四脚八叉小凳子所有的榫头，不论凳腿还是横档，都是单肩斜榫。锯榫头时，为了榫头和榫眼配合紧实，宽度可以略放一些，但厚度不能放（详见第 43 页榫卯中制作榫头的技巧页）。

修边

为了使用舒适也为了美观，凳腿的外侧面可上窄下宽刨圆，横档的外侧面和凳面的下侧面也做刨圆的处理。组装后无法再刨，所以一定要先修边再组装。草稿线可以一并刨去，注意榫头部分不在刨圆和修边的范围内。

组装

安装时先组装横档和凳腿，再把凳腿插入凳面，凳面安装时需要两个凳腿互相调整，慢慢地安装上去。制作准确的四脚八叉凳是不需要使用胶水或钉子固定的。

打磨

组装完成后，刨去露出的榫头部分，再用砂纸进行精细打磨，如果需要还可以上漆，小板凳便完成了。

爸爸的原创木作

开始拍摄纪录片时，正好遇上了芒种，一年播放结束后刚好是小满，爸爸就配合每个节气做了一件小物品。木艺来源于生活，生活又因木艺更加美好，让我们一起来了解与 24 节气相配的这 24 个木作创意吧。根据制作难度，本书挑选了其中 6 个作品，详细讲解了制作步骤，结合前面的基础知识，来尝试亲手制作如何？

24节气和木作

春雨惊春清谷天，夏满芒夏暑相连。
秋处露秋寒霜降，冬雪雪冬小大寒。
每月两节不变更，最多相差一两天。
上半年来六廿一，下半年是八廿三。

立春

东风解冻、蛰虫始振、鱼陟负冰

圆台面

临近春节，全家聚餐时，最好能有一张大的圆台面。可是平时圆台面占地方又不好搬运，于是爸爸发明了这个可折叠式的圆台面。

雨水

獭祭鱼、候雁北、草木萌动

笔筒

这只笔筒在结构上完全创新，使用了松配卡口加活动销的设计，让其永不散架。这也是爸爸给大家的一个启发，在这个结构基础上也许能创造出更多有趣的东西。

惊蛰

桃始华、仓庚鸣、鹰化为鸠

套盒
（第 83 页）

看似简单的盒子，其实结构上采用了独特的导向设计，让盖盖子变得更容易，并减少盒盖与盒身的挤压，使盒子更经久耐用，还可以多个套盒叠加使用。

春分 玄鸟至、雷乃发声、始电

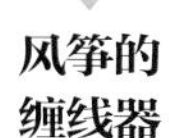

风筝的缠线器

春风徐来，最适合放风筝，风筝要放得远，放线的技巧很重要，于是爸爸做了一个风筝的缠线器。这个缠线器大而稳定，大型风筝也可以驾驭。

清明 桐始华、田鼠化为鴽、虹始见

茶盘
（第 80 页）

清明时节也是品绿茶最好的时候，配一个相宜的茶盘极其美妙。这只看似普通的茶盘其实可以拆卸，里面藏了一个弹力小玄机。

谷雨 萍始生、鸣鸠拂其羽、戴胜降于桑

灯笼

垃圾只是放错了地方的宝贝，爸爸用一只坏了的玻璃灯罩，改造出了这款中国风灯笼。

24节气和木作

夏

立夏

蝼蛄鸣、蚯蚓出、王瓜生

机关盒

这是一只密码机关盒，密码必须按顺序输入正确才能打开，按错会自动上锁，更妙的是还可以修改密码。内部也是全木质，没有弹簧和金属配件。

小满

苦菜秀、靡草死、麦秋至

光盘盒

看似很普通，打开别有洞天，原来光盘盒也可以有设计感，就用它来收纳记载时光的光盘吧。

芒种

螳螂生、鵙始鸣、反舌无声

鸟窝

（第 72 页）

正是孵化小鸟的时节，给小鸟一个安心的家。这只鸟窝由 12 块木板拼接而成，不用钉子和胶水，但十分牢固。

夏至　*鹿角解、蜩始鸣、半夏生*

伞架
（第 76 页）

此时江南多雨，带着雨水的伞放在哪里好呢？底部镂空，既能沥水收纳雨伞，又能养花的盆栽伞架，是不是很好呢？

小暑　*温风至、蟋蟀居壁、鹰始鸷*

木碗

天气开始变热，该是喝绿豆汤解暑的时候了。一副碗筷，回到家的感觉。

大暑　*腐草为萤、土润溽暑、大雨时行*

小船
（第 68 页）

沿海地区在大暑有“送大暑船”的习俗。这条小船由 7 块板组成，容易拼插，可以浮于水面。

24节气和木作

秋

立秋　*凉风至、白露降、寒蝉鸣*

梳妆台

爸爸曾住过的老房子，仅有 40 平方米，最多时要住 9 个人，于是爸爸巧妙利用空间，这是其中做给妈妈的迷你梳妆台。

处暑　*鹰乃祭鸟、天地始肃、禾乃登*

情人结项链
（第 64 页）

临近七夕，做一款情人结项链送给爱人。这个吊坠由 6 根小木棍组成，不用胶水钉子辅助，全凭自身绞力组合，不离不弃，正是爱情的象征。

白露　*鸿雁来、玄鸟归、群鸟养羞*

酒架

自酿米酒的时候到了，于是有了这个可以收纳酒瓶和杯子的酒架。架子四周的凹槽，还可以收纳高脚杯。

秋分　*雷始收声、蛰虫培户、水始涸*

三角板凳
（第 84 页）

仅由三块木板构成的小板凳，便于拆装，外形简洁，又十分稳固，是一款爸爸原创的独一无二的结构设计。

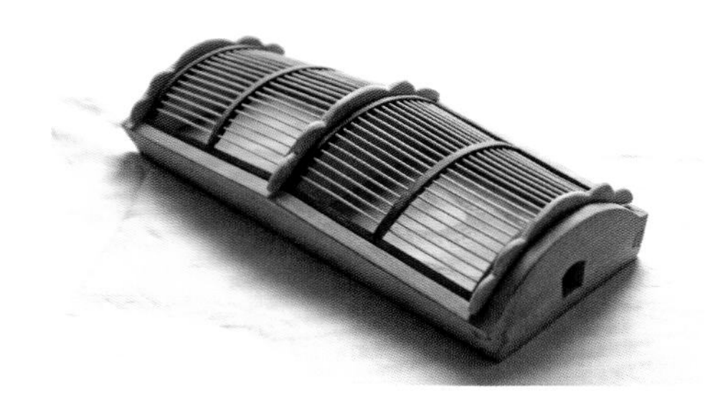

寒露　*鸿雁来宾、雀入大水为蛤、菊有黄华*

蛐蛐盒

寒露正是斗蛐蛐的时候，这个盒子复原了古代玩家的高级“斗虫场”。

霜降　*豺乃祭兽、草木黄落、蛰虫咸俯*

螃蟹蒸架

秋风起便是吃螃蟹的好时节，有了这个蟹架让蒸好的螃蟹保持了原来的霸气。爸爸说，“这是为了让螃蟹死得有尊严”。架子中隐藏着一个独特的木质弹力扣设计。

立冬

水始冰、地始冻、雉入大水为蜃

鞋盒

换季意味着收纳，这只鞋盒专为年轻的球鞋爱好者设计。两侧透明便于查看，板材中间镶嵌硬木条，防止盒子变形。

小雪

虹藏不见、天气上腾地气下降、闭塞而成冬

纸巾盒

一只看似普通的纸巾盒，拿在手里你一定不知道从哪里才能打开，这也是爸爸第一次尝试榫头的改进设计，也是他最满意的结构之一。

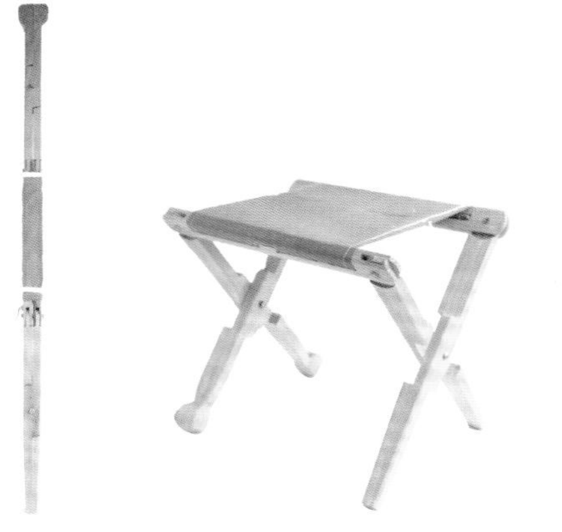

大雪

鹖旦不鸣、虎始交、荔挺生

拐杖

这是一根可以瞬间变身成小马扎的拐杖，轻巧便于携带，工艺上可是相当复杂。

更多作品的信息可扫码
登陆读者服务平台查看

冬至　蚯蚓结、麋角解、水泉动

台灯

冬至是一年里白天最短的日子，一盏台灯，陪你度过最长的黑夜。同样是可拆卸结构，但最后一块板的拼装十分巧妙。

小寒　雁北乡、鹊始巢、雉始鸲

手炉

天气变冷，动物归巢，也是游子思家的时候。一只手炉，一份温暖也是一份思念。

大寒　鸡始乳、征鸟厉疾、水泽腹坚

微型家具

到了一年中最冷的时候，怀旧的父亲用微型家具的形式复原了老家的传统中式家具。一样的榫卯结构，有些榫头甚至只有几毫米。

情人结项链

难度：★★☆☆☆

这一年的处暑，恰好七夕临近。爸爸特意为妈妈准备了礼物，而这个有点像中国结的礼物就被命名为“情人结”。妈妈说这个季节还是凤仙花开花的时候，她小时候就用凤仙花染指甲，于是我们就在拍摄中加入了染指甲的情节，后来了解到染指甲恰好也是七夕的习俗之一，节气的魅力就在于此吧。

特色 → 项链使用了 6 根独立的小木条“编织”而成，没有使用胶水和钉子，借助木材自身的弹性、摩擦力，利用预先设计的凹槽，把木条像绳子一样“编织”出类似中国结的造型。

准备

工具：直尺、角尺、框锯、刨子、凿子、电钻、锉刀、砂纸
木材：使用韧性强、纹理细腻的木头，如花梨木、黑檀等
取料：厚度≥ 5 毫米的木条
图纸：参见第 99 页

操作

① 刨取二根长木条 A、B，截面边长分别是 5 毫米 ×7 毫米和 5 毫米 ×5 毫米。

② 画线，在 A 上取 70 毫米长，B 上取 5 条 50 毫米长，注意可留有余量以便打磨。

③ 锯前在底板上钉一个钉子，可以方便固定这样的小物件。

④ 根据画线锯断。

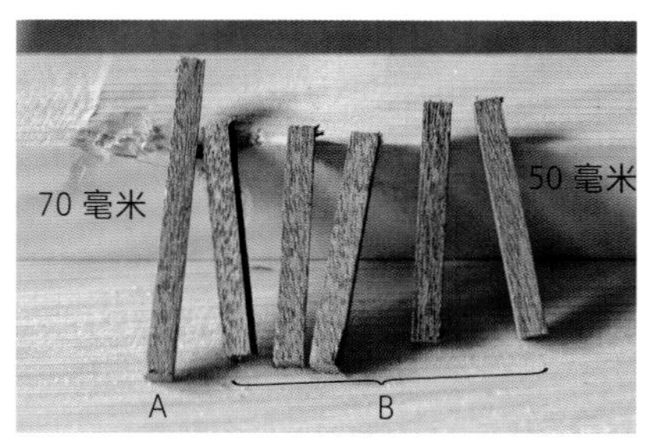

⑤ 得到 5 短 1 长的 6 根木条。

⑥ 根据图纸画好雕刻纹样，6 根木条纹样相同，注意最长的一根多一个打孔位，并且有一个斜度。

⑦ 先锯几个小口子方便下一步操作。

⑧ 用凿子或者木刻刀，依照痕迹凿刻。

⑨ 依次完成所有的 6 根木条。

⑩ 修理端头。

⑪ 用锉刀和砂纸对每一条进行打磨。

⑫ 最长木条的前端钻一个孔，留作穿绳子。

修整打磨后的部件

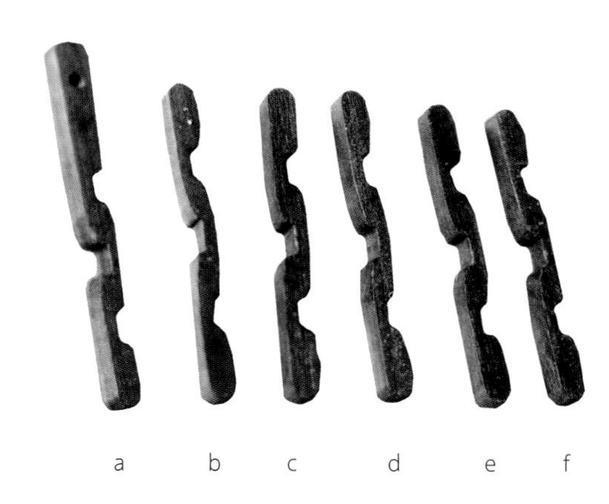

提示 ↓

- 这个作品的技术难点就是雕刻，要细心，防止刻断。
- 最长的木条一端宽 5 毫米，一端宽 7 毫米这样的斜面设计，除了美观，更是为了绞合紧实。

组装

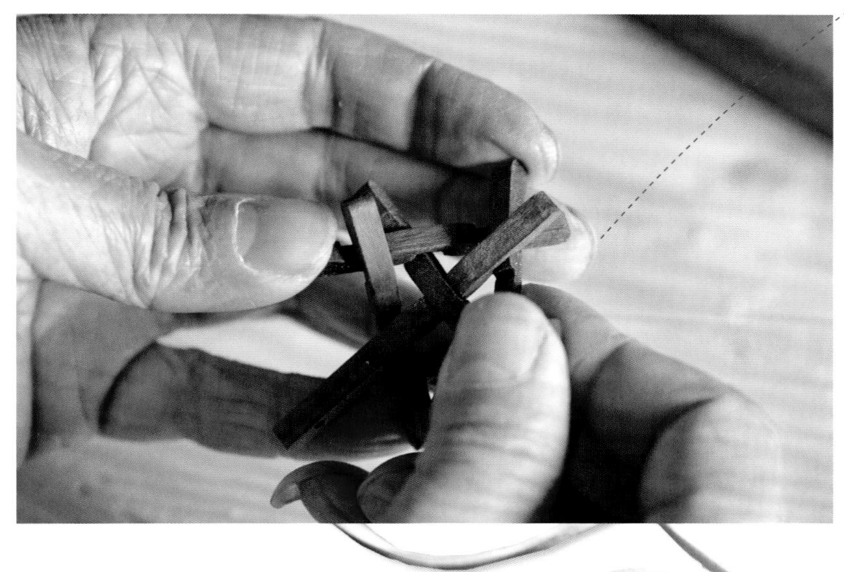

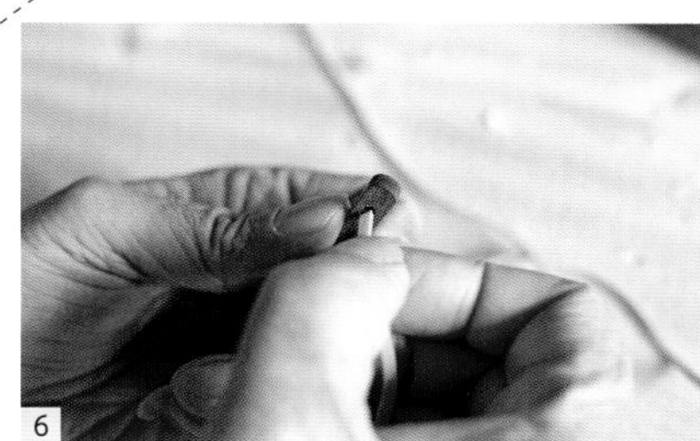

提示 ↓

- 步骤 1 ~ 4 最长的一根木条 a 作为第一根，也是项链的中心，其他木条围绕第一根依次“编织”。
- 步骤 5 插入最后一根 f 最难操作，可以先松开其他几根再慢慢卡入。
- 如果有两两木条不相扣的，注意将棱角修圆再试一次。
- 步骤 6 根据自己的喜好穿绳。
- 切勿用力过猛，以免掰断木条。

小船

难度： ★★☆☆☆

大暑时节，江南的沿海地区，有送大暑船的习俗，于是爸爸说做一只船吧。这只小船较容易制作，适合亲子一起动手，不仅可以给小朋友一个可以拼装的戏水玩具，还可以用来盛放小物。

特色 → 7 块木板通过小巧的榫卯结构拼装成小船，美其名曰“七巧小船”。

准备

工具： 直尺、角尺、框锯、钢丝锯、刨子、锉刀、砂纸
木材： 选用轻质的木材，便于浮水，如松木、桐木、樟木等
取料： 15 毫米、8 毫米、5 毫米厚的木板
图纸： 参见第 90 页

操作

① 刨取三种厚度的木板：15 毫米、8 毫米、5 毫米，也可以直接购买平整板材。

② 参考图纸，在木板上绘制图形。

③ 使用框锯沿图纸锯出边缘，可适当留有余量，方便打磨。

④ 使用钢丝锯镂空小的细节处。

⑤ 框锯锯出船身前后两个侧板 c、d 的直角切口。

⑥ 船身前后两个侧板 c、d 的斜面部分可使用刨子刨斜。

⑦ 使用锉刀、砂纸打磨边缘。

提示 ↓

- 平板的制作要点参见第 36 页。
- 框锯的使用要求参见第 10 页。
- 钢丝锯的使用要求参见第 12 页。
- 锉刀的使用要求参见第 23 页。

修整打磨后的部件

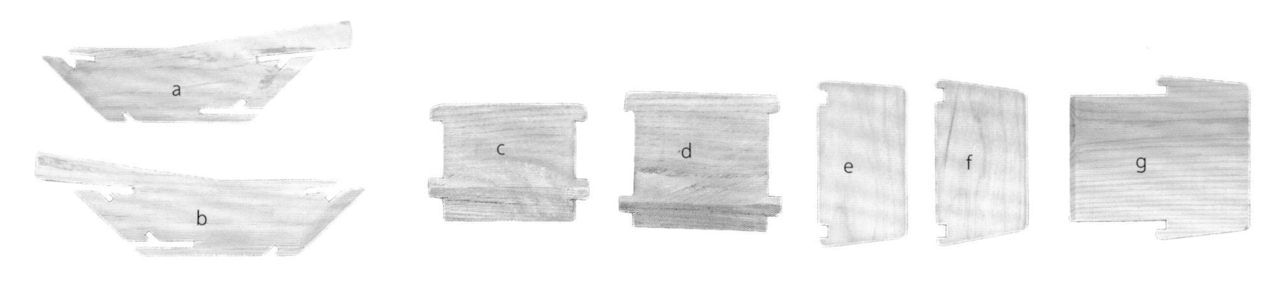

组装

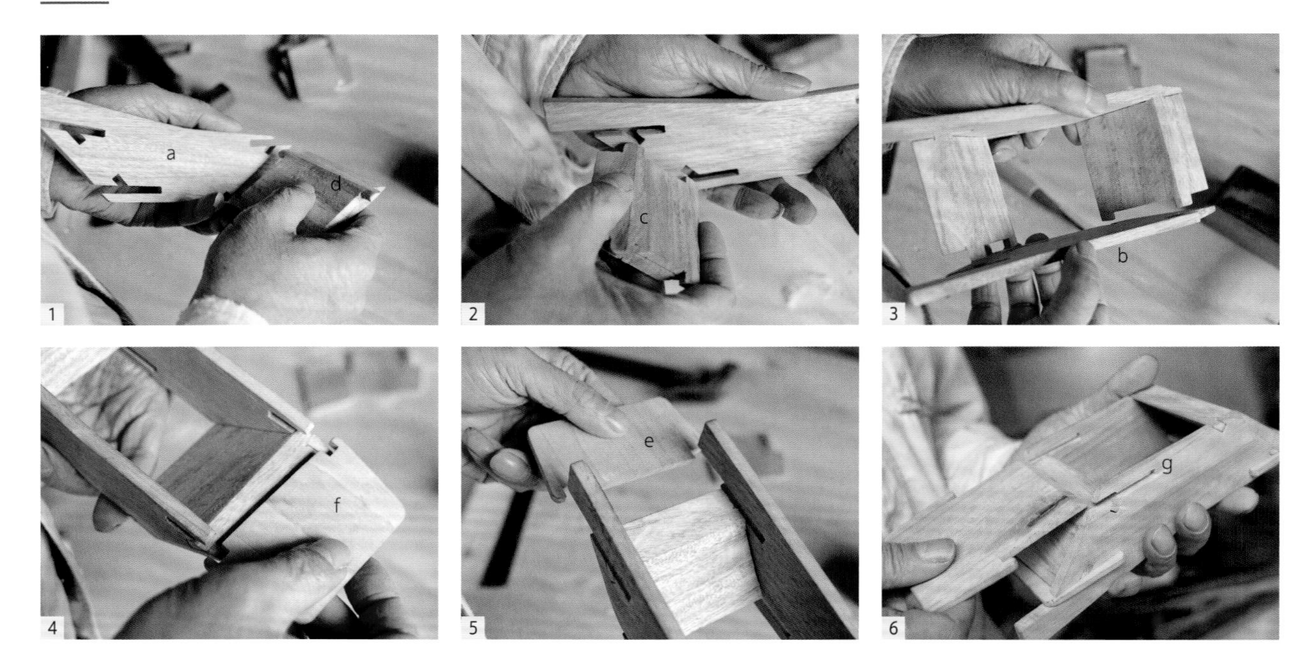

提示 ↓

- 步骤 1 ~ 3 先由船身左右两个侧板 a、b 和船身前后两个侧板 c、d 装出船身的框架。
- 步骤 4 ~ 5 前后两个小甲板 e、f，插入船身侧板。
- 步骤 6 最后安装船底木板 g，也使整个船身更加牢固。
- 木板与木板之间靠榫卯结构固定，如果插不上或装不紧，可能是尺寸不对，可打磨修整。

幕后故事

这两年的拍摄过程中有太多或温馨、或惊险、或有趣的故事。而其中最特别的要数“大暑——七巧小船”的拍摄。记得那时带着郊游的心去岛上拍摄，结果“大雨时行”的天气果然风云莫测，接踵而至三个台风，渡轮停航，我们就被困在了枸杞岛。朋友们关切地问，我们在岛上吃什么？住哪里？是否需要打猎？大家自我调侃，这是在拍《荒野求生》吗？

枸杞岛有很多村子，绿野荒村是这岛上最不被当地人所屑，却最被游客所期待的一个。当初因为交通不便被整村迁移出山坳，现在看起来还真有点玛雅古城的感觉，断壁残垣，只有三户人家的村子里，除了让人感到自然的巨大力量，还能感受到蚊子隔着T恤吸食血液。

这几天接待我们的渔场金大哥，在某一天晚上用平淡的语气聊起了自己的成长岁月，聊起了大海如何夺走了他的哥哥们的生命，聊起了曾经在八级风暴中出海打鱼，聊到了现在的生活。大海，可以平静地覆盖一切波澜壮阔，又可以从头来过。

被困的第三天，忽然听说有到舟山的船，虽然绕了远路，但大家归家心切，还是买了船票。码头上人头攒动，有点逃难的感觉，再看到游船在海里晃悠得厉害，摄影师有些迟疑地问我：“真的要上船么？”大家一开始都不敢坐在底舱，生怕被倒扣。但晃了一个小时后终于都扛不住，回了底舱一觉睡到了舟山。

上岸的时候感觉脚底还在晃动，看到舟山时尚的街边商铺和港口巨大的渔船，才感受到自己确实已经离开了那个小小的渔村，不知道何时才会再去的美丽小岛。

现在每每回想起那时的情景，像是一场与大自然的邂逅，似梦一般。

鸟窝

难度： ★★★☆☆

芒种正是小鸟繁衍的时节，想给小鸟做个家，于是爸爸设计了这只能拆卸的鸟窝。这是爸爸第一次面对镜头，也是摄制组小伙伴们的第一次合作，开启了我们长达两年的节目拍摄。

特色 → 用 12 块木板搭建出的可拆卸鸟窝。鸟窝本身不复杂，大家在制作过程中，可以从拼接和环环相扣的结构里，得到一些自己创作的灵感。

准备

工具： 直尺、角尺、框锯、钢丝锯、线锯、刨子、电钻、凿子、锉刀、砂纸
木材： 初学者可使用容易刨锯的木材，如松木
取料： 10 毫米板材
图纸： 参见第 92 页

操作

① 准备大小合适的木板并刨平至 10 毫米厚，也可以直接购买平整板材。

② 将图纸绘制到木板上。

③ 用框锯锯出外形。

④ 可直接用刨子刨平边缘的毛糙。

⑤ 在需要开孔的几个位置处，钻出小孔，方便之后穿入钢丝锯。

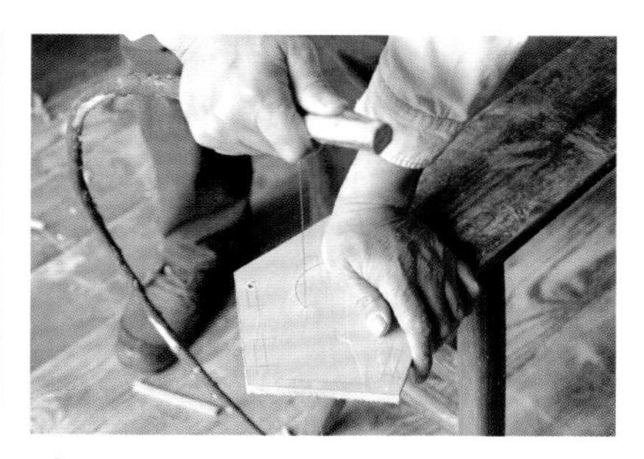

⑥ 用钢丝锯沿图纸切割榫眼和圆洞部位。

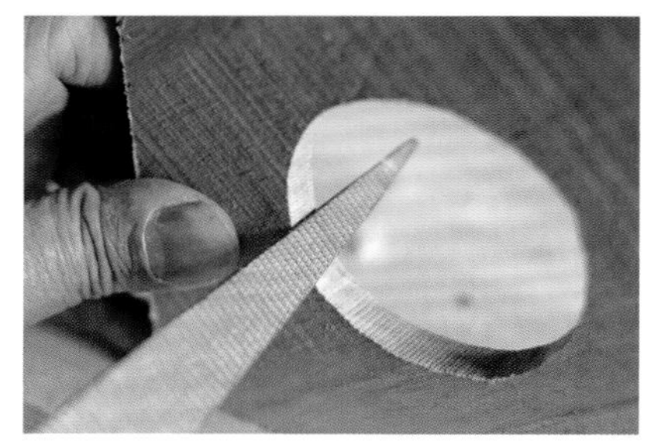

⑦ 使用锉刀修理孔洞和打磨边缘。

⑧ 屋顶上四个榫眼是斜孔，可以先凿出中间的直孔部分，再凿刻两边的斜面部分，注意图纸上的标识。

提示 ↓

- 平板的制作要点参见第 36 页。
- 框锯的使用要求参见第 10 页。
- 钢丝锯的使用要求参见第 12 页。
- 凿子的使用参见第 21 页。
- 锉刀的使用要求参见第 23 页。

修整打磨后的部件

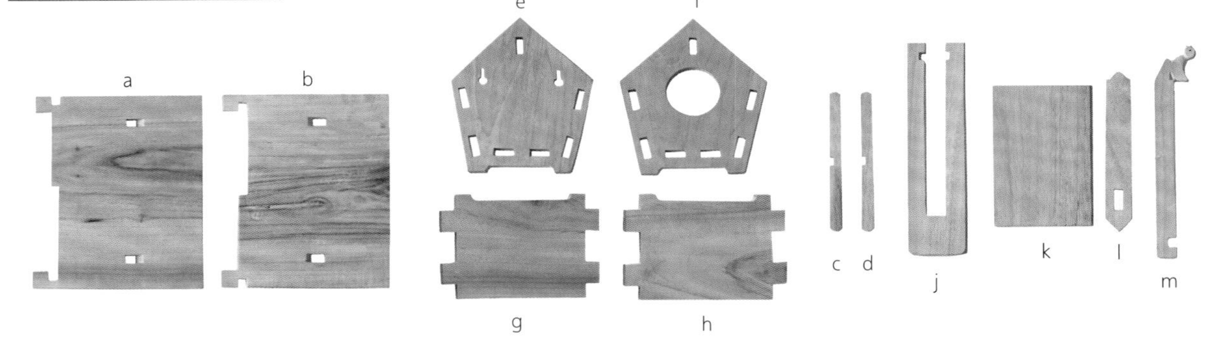

组装

屋顶

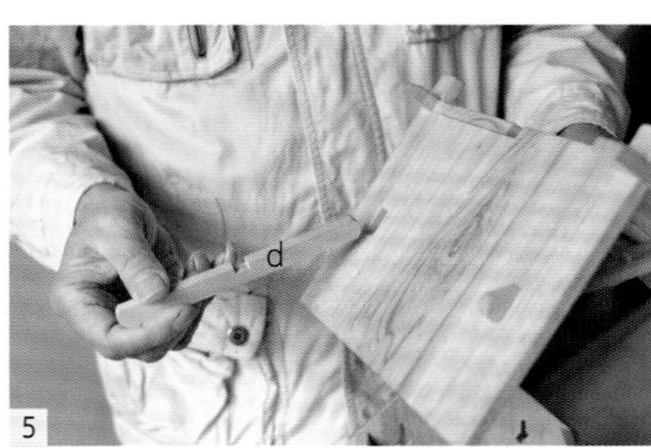

提示 ↓

- 步骤 1 ~ 2 屋顶的两块木板 a、b 通过顶端的榫卯接合固定。
- 步骤 3 ~ 4 如果 c、d 不能顺利插入，可能是屋顶斜孔的尺寸、位置或倾斜度有误。

屋身

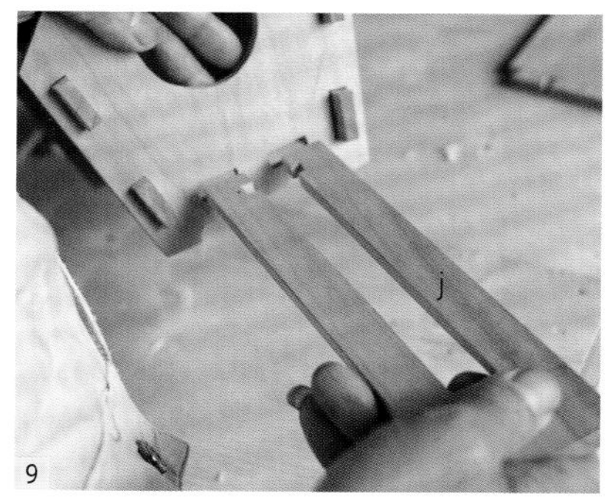

9

10

11

12

提示 ↓

- 步骤 6 ~ 8 板 g、h 依次插入 f 的榫眼，最后同时插入 e 完成屋身的 4 面墙。
- 步骤 9 ~ 12 先插入板 j，再放入底板 k，屋底完成。
- 步骤 13 ~ 16 穿入木条 m，m 在屋身内部与 c、d 相扣，在外部与 l 相扣，木条 l 也是最后锁住整个鸟窝的关键一环。

↓ 屋身和屋顶的结合

13

14

15

16

伞架

难度： ★★★☆☆

江南的梅雨季节就是此时了，有时明明艳阳高照却同时下着雨，落落停停。记忆里的这个时候，总有一直晒不干的衣服和房间里散发出的淡淡霉味。从屋外回来，滴着水的伞放在哪里沥水比较好呢？

特色 → 12 块木板拼接成可拆卸的花盆伞架，底部可以放入盆栽，雨水顺着伞架落入底部的花盆中浇灌植物。

准备

工具：直尺、角尺、框锯、钢丝锯、刨子、凿子、木锉刀、砂纸
木材：初学者可使用容易刨锯的木材，如松木
取料：10 毫米厚的板材
图纸：参见第 94 页

操作

① 准备好 10 毫米厚的木板，再将图纸转绘至木板上（平板的制作参见第 37 页）。

② 框锯锯出外形（框锯的使用参见第 10 页）

③ 钢丝锯与框锯配合使用锯出每块细节形状（钢丝锯的使用参见第 12 页）

④ 使用木锉及砂纸修整边缘（锉刀的使用参见第 23 页）。

提示 ↓

- 花盆上的孔洞是斜孔，凿孔方法参见 73 页鸟窝屋顶的斜孔部分。

修整打磨后的部件

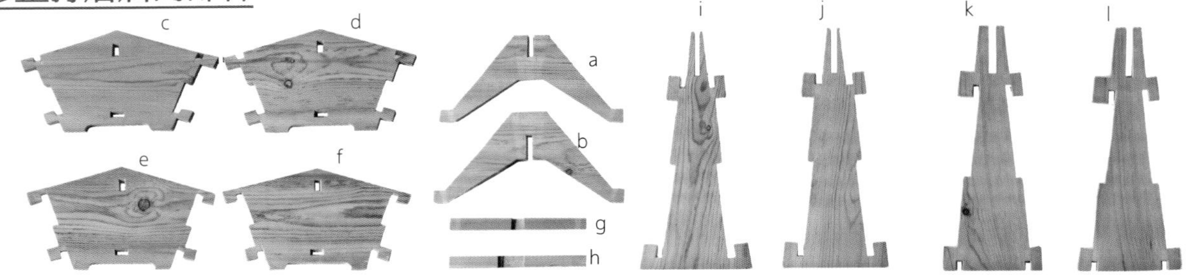

组装

下半部分花盆的组装

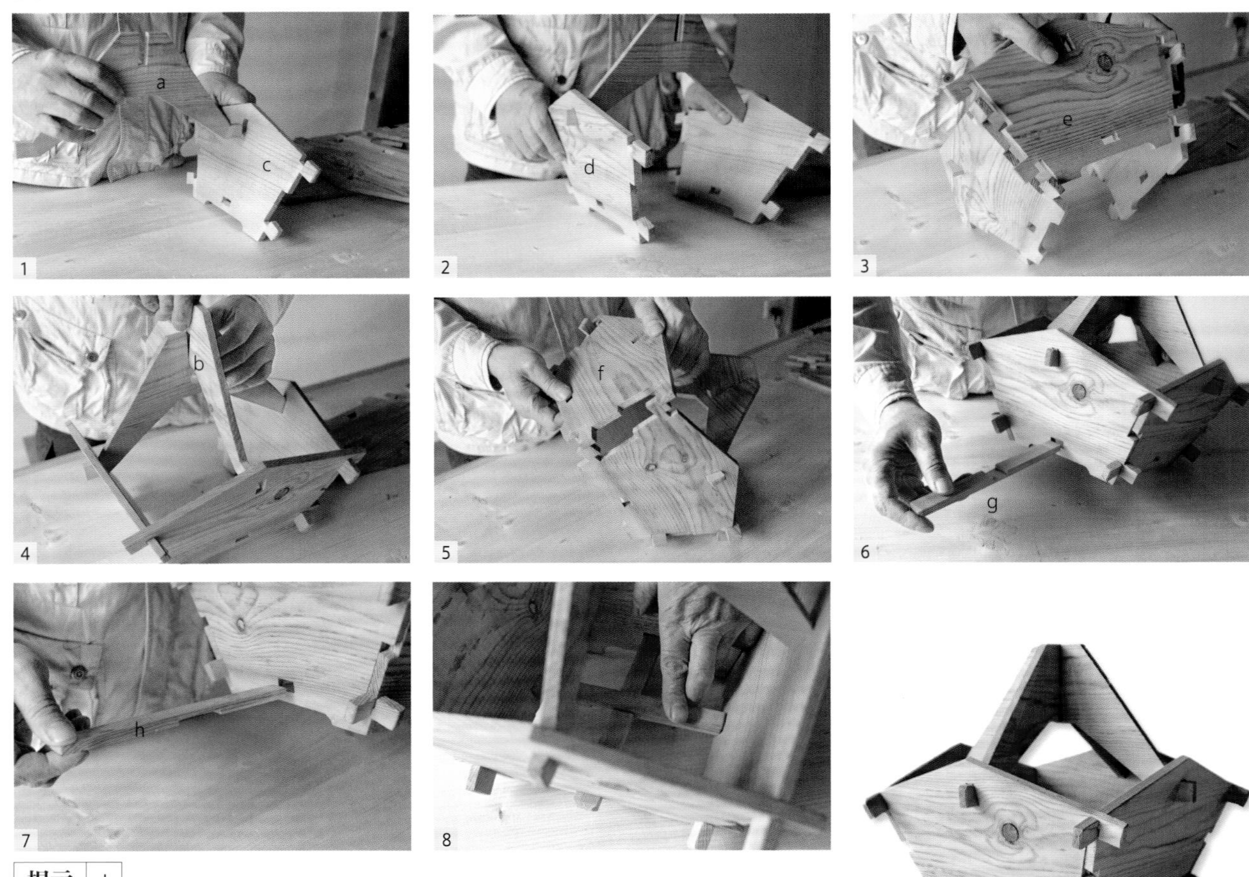

提示

- 步骤 1 ~ 5 花盆由盆身的 4 块板和顶部交叉的木板 a、b 相互交错结合固定。
- 步骤 6 ~ 8 木条 g、h 在花盆底部交叉相扣，注意安装的顺序和木条上榫槽的方向。
- 任意两块拼、插不顺利时，注意检查尺寸、位置和方向。

上半部分伞架的组装

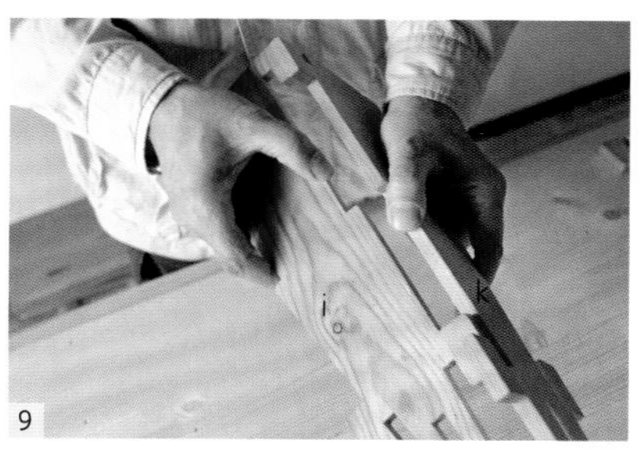
9

10

11

12

13

提示 ↓

- 步骤 9 ~ 13，木板 i、j、k、l 彼此先错位，再卡紧，安装最后一块时先要对齐，再慢慢卡入，不要着急。

上下的结合

14

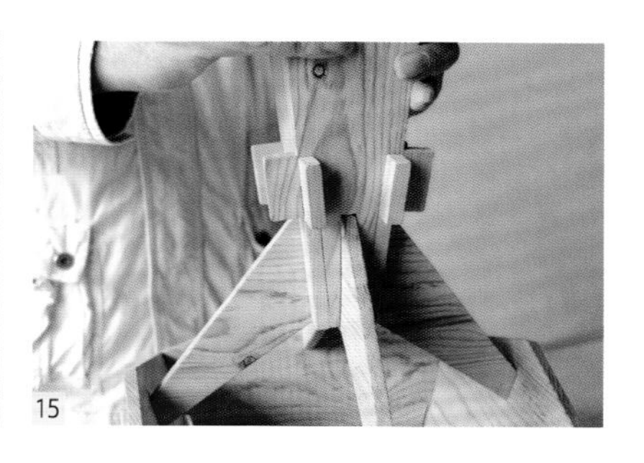
15

提示 ↓

- 步骤 14 ~ 15 花盆和伞架靠锥形的斜榫结合。如果不能很好地契合，可能是尺寸没有画好，或者锯时产生了偏差，可以通过打磨修正。

茶盘

难度： ★★★☆☆

清明前的茶叶可谓茶中精品，自古有“明前茶贵如金”的说法，而清明前后饮茶时配上一个茶盘再好不过了。看起来是简单的茶盘，可是当告诉大家可以拆卸的时候，少有人能找到拆开的机关。

特色 → 四个边框加一个底板的设计，看似没什么特别，但暗藏的一根小竹条，成了玄机所在。

准备

工具： 直尺、角尺、框锯、刨子、凿子、锤子、锉刀、砂纸
木材： 可采用较硬不易变形的木材，如榉木、水曲柳、橡木等
取料： 30 毫米 ×40 毫米的方料，方形薄板，小竹条
图纸： 参见第 96 页

操作

① 准备木材，除了方料和方板，还需要一根小竹条，方料的准备参见第 33 页。

② 根据图纸绘制边框的四个木条上的图形，四根一起绘制比较方便准确。

③ 根据图纸完成所有直线绘制的部分，参见第 36 页通角线的画线方法。

④ 这里四个把手都有弧形，曲线的绘制可以通过弯曲直尺的方法获得。图中画好线的把手 a（b）与成品的比对，方便读者参考。

⑤ 根据图纸的画线，使用锯子锯出榫槽边线。

⑥ 再用凿子凿刻，凿子使用注意参见第 21 页。

⑦ 完成后，制作相邻侧面的榫槽。

⑧ 因为这一部分较宽，可以先多锯出几个口子，再凿切。

⑨ 一点点全部凿去后，不平的地方，再小心修整。

⑩ 制作把手弧度时，先用框锯锯出斜面。

⑪ 再用锉刀打磨出把手的弧度。两端的圆弧也是相同的处理方法。

⑫ 边框上插底板的凹槽需要选择合适的凿子一点点凿刻出来（因为不通头，不能使用槽刨）。

⑬ 4 个框架上都有凹槽，组装时小竹片就放在最深的凹槽内。

⑭ 底板按照图纸大小准备即可。

⑮ 制作弹力小竹片，要有一定的弧形。

⑯ 用刻刀或薄凿在两头修出弧度。

提示 ↓

- 四个边框的制作是技术难点，需要综合方料的准备、框锯的使用、凿刀的使用，也是对基本功的回顾和练习。

修整打磨后的部件

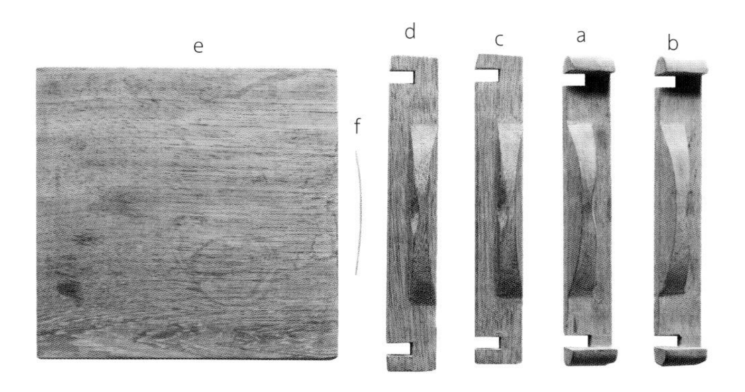

组装

提示 ↓

- 步骤 1 a、b 有凹槽的一面相对应，先插入底板。
- 步骤 3 小竹条 f 要放入凹槽较深的那个边框。

三角板凳

难度： ★★★☆☆

那时拍摄日马上就要到了，但木工房里只剩下三块木板，爸爸就用有限的木材，设计了这个结构至简的三角小板凳，这也是爸爸所有创作中结构最简洁的作品。

特色 → 3 块木板组成，结构简单、可拆卸、稳固。利用了三点确定一个平面的原理，设计了上下两个三角形结构。

准备

工具： 直尺、角尺、框锯、钢丝锯、刨子、凿子、木锉刀、砂纸
木材： 因为凳子的承重要求，所以选用较硬且不易变形的木材，这样可以减少日后使用的磨损，如黑胡桃木、榉木等
取料： 厚 30 毫米（凳面）、厚 22 毫米（凳腿）的板料
图纸： 参见第 98 页

操作

① 按图纸尺寸准备木板，留有一定余量，板料的制作要求参见第 36 页。

② 将图纸绘制到木板上。

③ 根据图纸锯出雏形，框锯的使用参见第 10 页。

④ 框锯不易操作的地方使用钢丝锯，钢丝锯使用技巧参见第 12 页。

⑤ 注意其中一个凳腿中间的楔形部分（设计原理见 86 页提示），用活动角尺画出斜角和斜榫头。

⑥ 锯出斜角和斜榫。

⑦ 锯好凳腿。

⑧ 凿出凳腿中间斜孔，为了成品的牢固，注意 $l_2 > l_1$。斜孔的凿刻参见 73 页，鸟窝屋顶的斜孔部分。

⑨ 完成三角形凳面斜孔和边框斜面。注意斜孔不通头，孔深参见图纸。

修整打磨后的部件

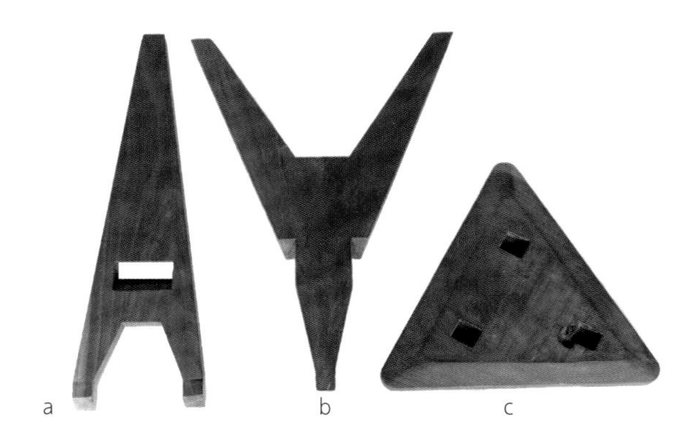

组装

提示 ↓

- 斜孔的位置和尺寸要准确，太大凳子会松动，太小会插不到位。
- 凳腿的斜角与凳面的斜孔契合，以及凳腿三个斜面与地面的支撑，影响凳子的平稳性，如果不平稳，注意修正。
- 凳腿 a 与 b 的结合没有用传统的榫卯结构，这里取消了榫肩的设计，让榫头直接插入卯眼，这样压力不是靠肩承担，而是作用于整个凳腿，压力越大，两个凳腿结合越紧实。

套盒

难度：★★★★☆

惊蛰临近爸爸想做点和食物相关的东西，于是设计了这个糕点盒子。这只盒子乍看起来十分普通，其实用的并不是传统的盒子制作方法。传统方法是先使用燕尾榫制作一个全封闭的盒子，再剖成两半，一盖一底。而这一只糕点盒，盒身与盖子分开制作，虽然工序较复杂，但自有它独特之处。

特色 → 盖子可以自己导向盒身，从而方便使用；没有卡槽，盖子对盒身没有挤压，可以减少磨损；多个盒身叠加使用也十分稳妥。

准备

工具： 直角、角尺、框锯、钢丝锯、刨子、铲胖刨或边方刨、槽刨、凿子、木锉刀、砂纸
木材： 可采用较硬不易变形的木材，如榉木、樱桃木、橡木等
取料： 厚 12 毫米（边框）、8 毫米（隔板）的板料
图纸： 参见第 100 页

操作

① 按照图纸准备板材和画线。注意提前参考 43 页燕尾榫制作技巧。

② 使用槽刨刨出要嵌入底板的插槽。

③ 凿出要嵌入隔板的凹槽。

④ 钢丝锯锯出燕尾榫的榫头。

⑤ 完成后的两块盒身接板，同样的方法制作其他盒盖盒身的接板。

⑥ 安装燕尾榫时，力度要适当，如担心敲碎，可以在上端放置木条后再敲。

⑦ 安装紧实，全部嵌入后刨去多出的榫头，再打磨平整。

⑧ 制作盖板时使用了铲胖刨，在边缘刨出凹边使中间凸起，作品看起来更饱满，没有铲胖刨时也可以用边方刨代替。

⑨ 完成后的盖板四边更有立体感。

⑩ 隔板制作较为简单，按照图纸切割即可，注意两个端头的斜角。

- 方料和板料的准备参见 32 页。
- 燕尾榫的制作要求参见 43 页。
- 其他工具的使用注意参阅“常见工具”各部分。

组装

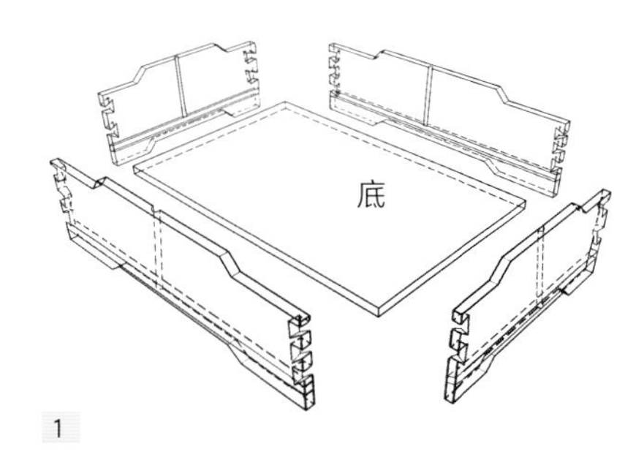

1

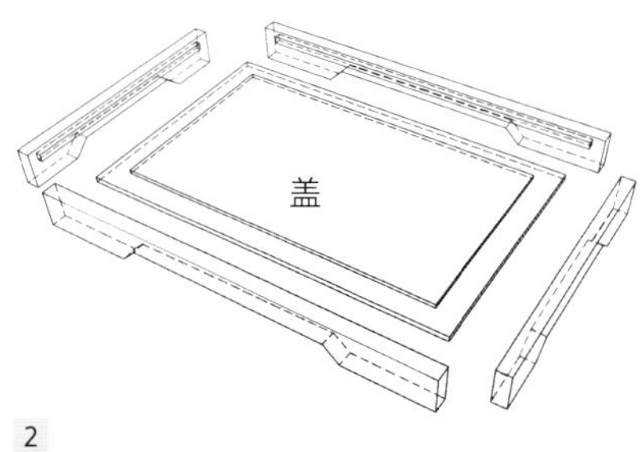

2

3

附图纸

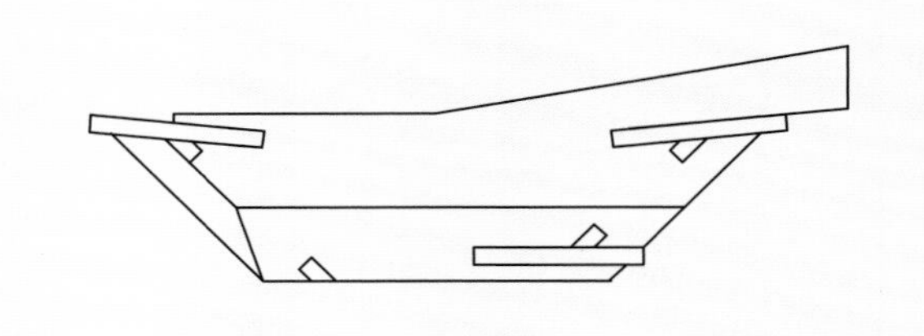

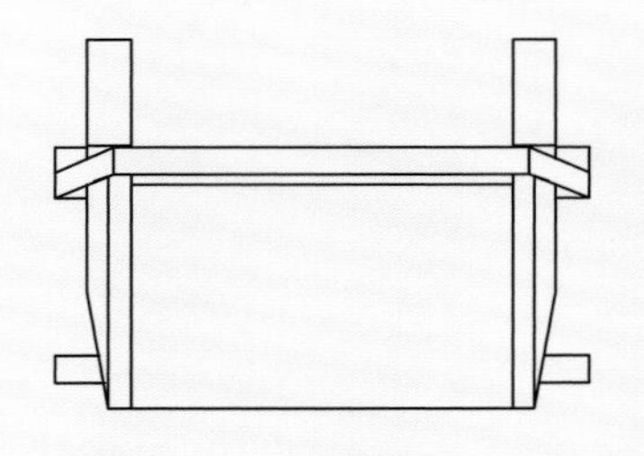

小船

难度：★★☆☆☆

（操作：见第 68 页）

（操作：见第 68 页）

成品尺寸：219 毫米 ×88 毫米 ×70 毫米（单位：毫米）

板材厚度：15 毫米（c、d）、8 毫米（a、b）、5 毫米（g、e、f）

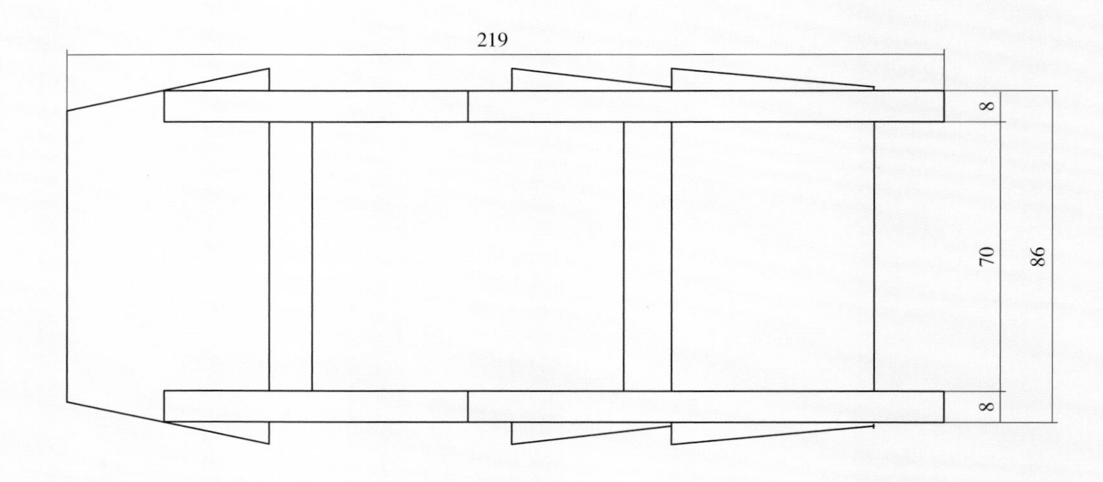

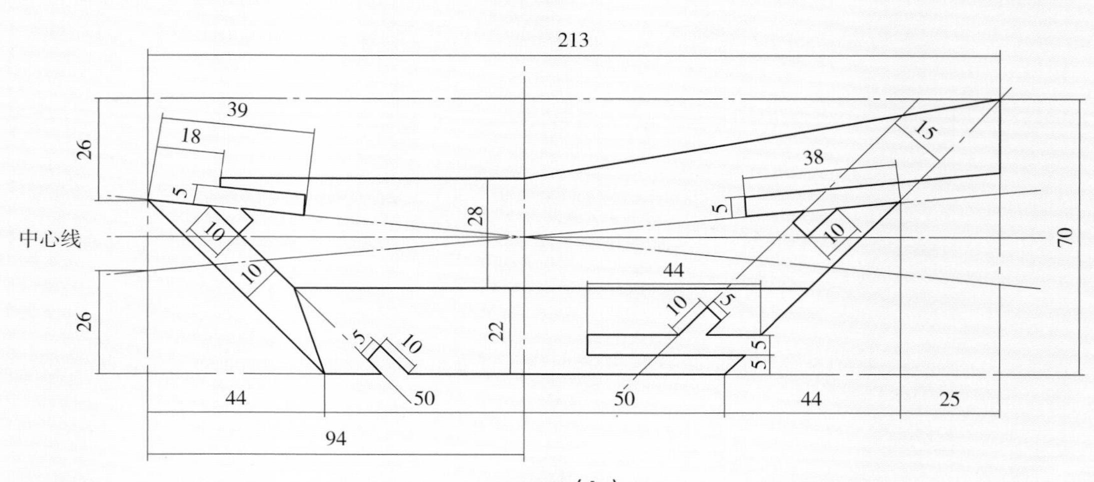

a（b）

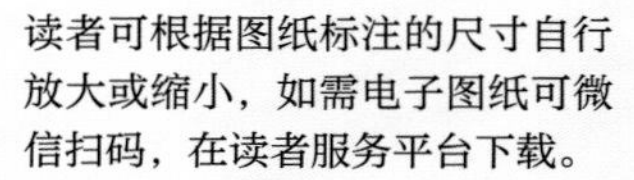
读者可根据图纸标注的尺寸自行放大或缩小，如需电子图纸可微信扫码，在读者服务平台下载。

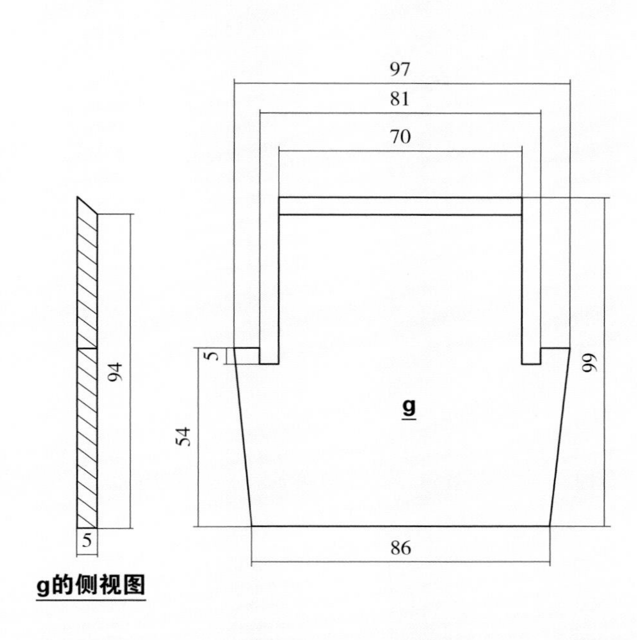

g的侧视图

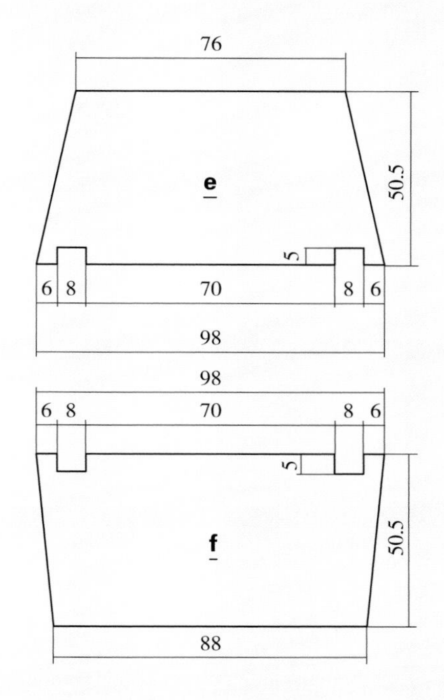

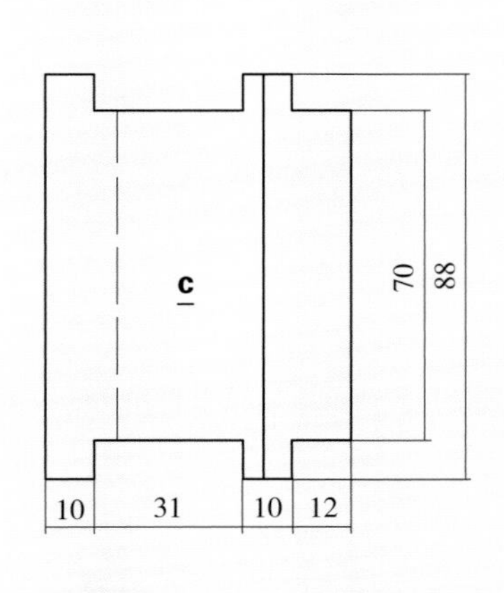

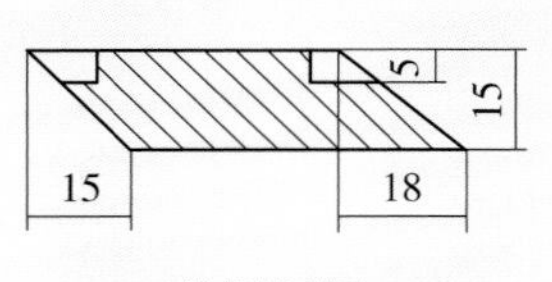

c 的侧视图

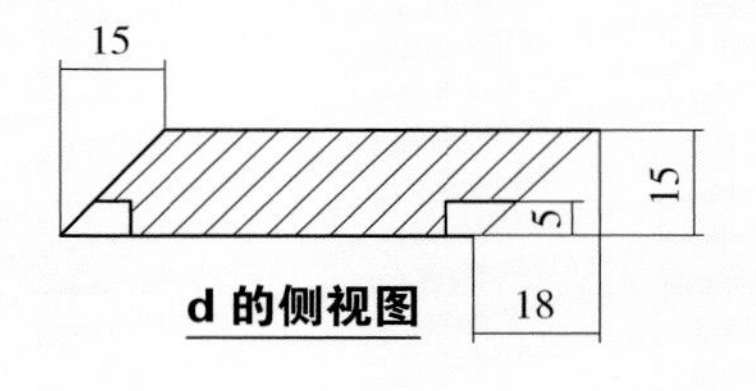

d 的侧视图

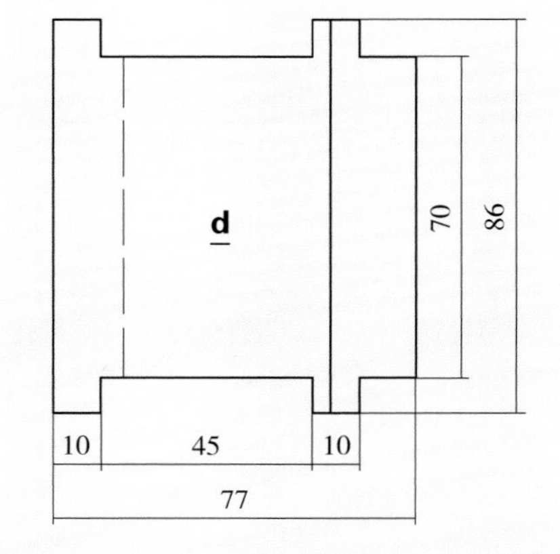

鸟窝

难度：★★★☆☆

（操作：见第 72 页）

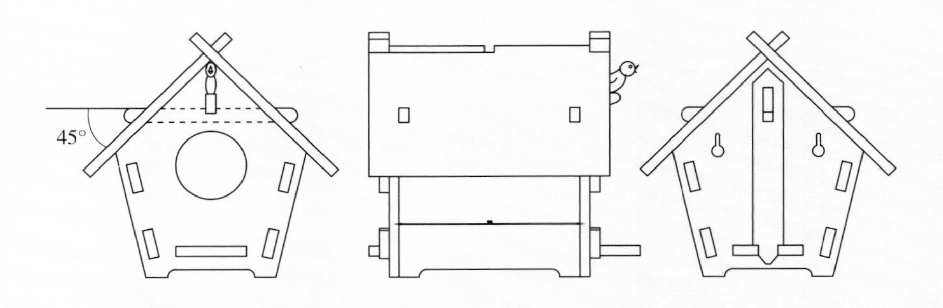

成品尺寸：240 毫米 ×200 毫米 ×230 毫米　　　　（单位：毫米）

板材厚度：10 毫米

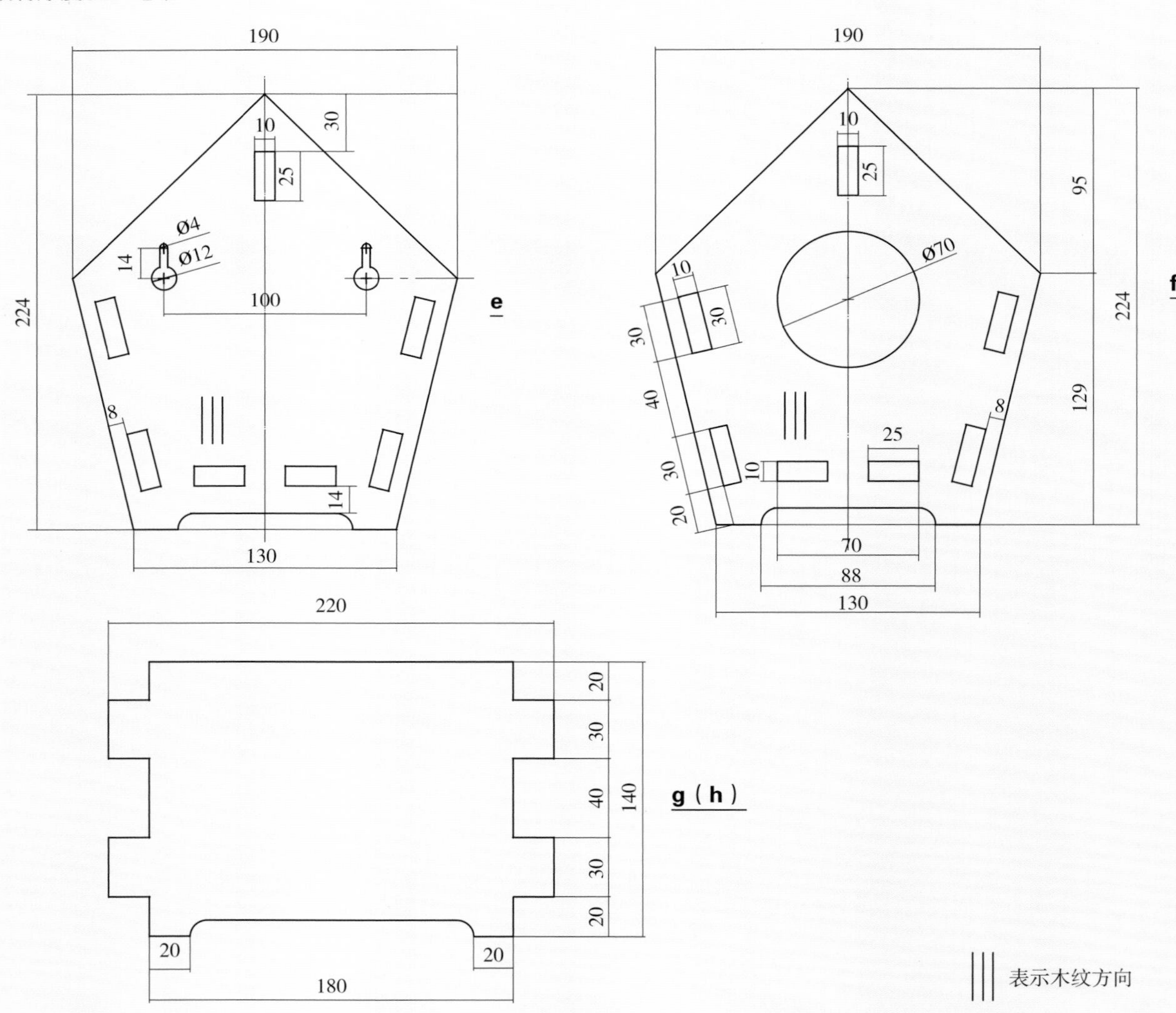

读者可根据图纸标注的尺寸自行放大或缩小，如需电子图纸可微信扫码，在读者服务平台下载。

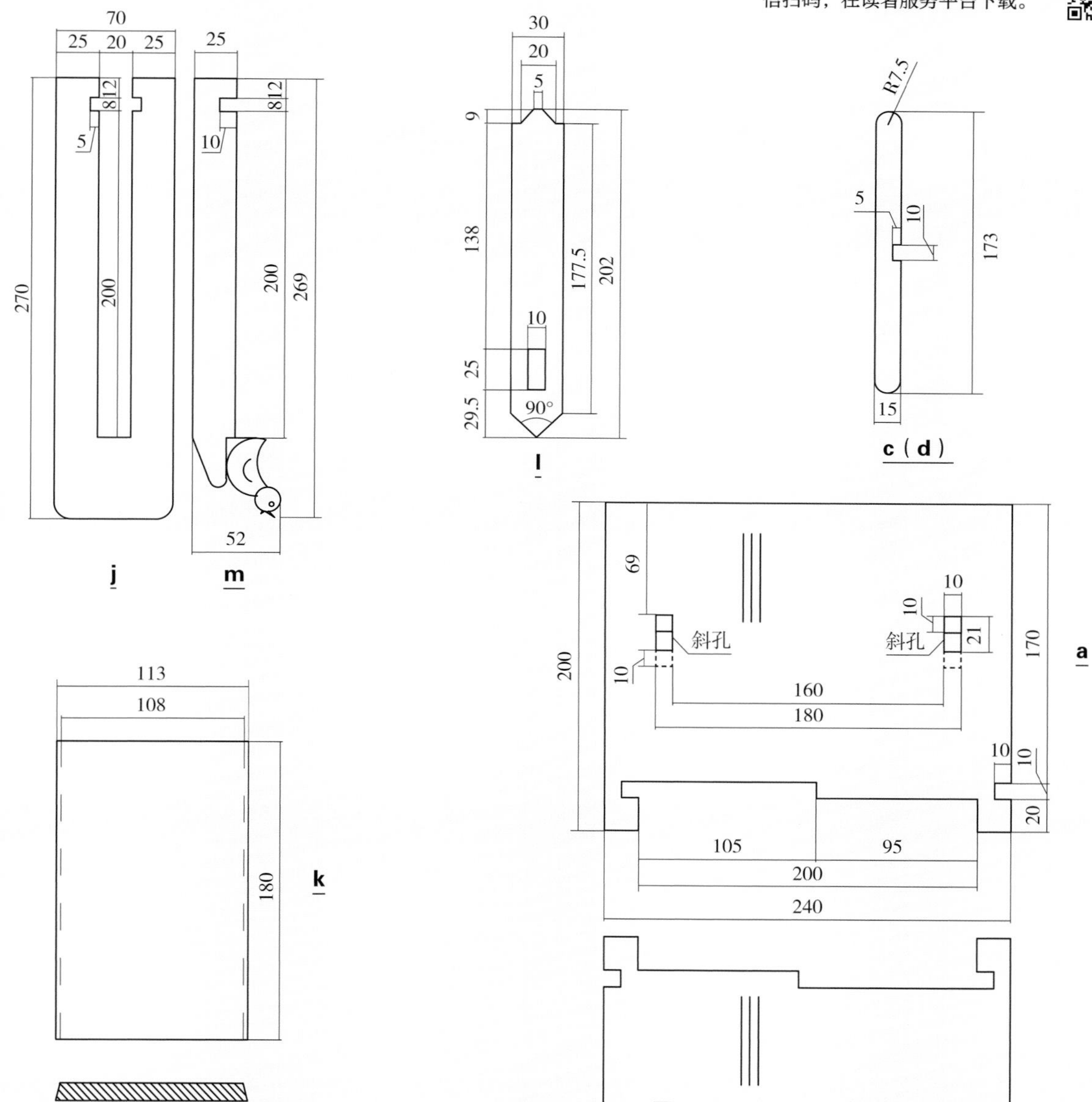

伞架

难度：★★★☆☆

（操作见第 76 页）

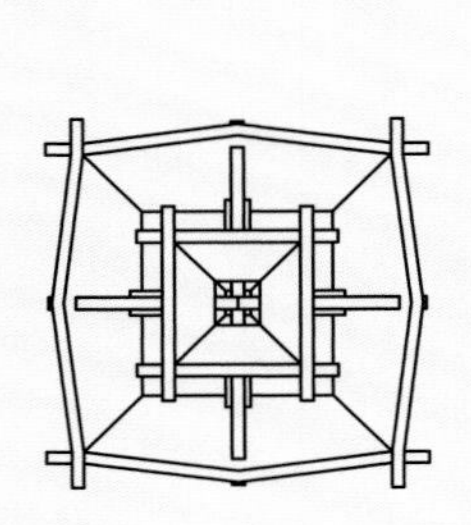

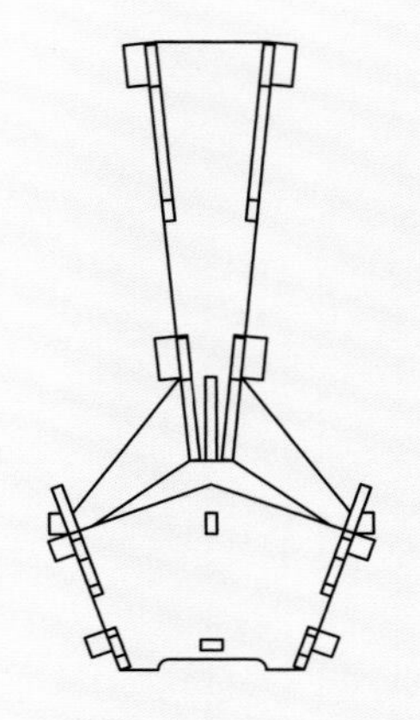

成品尺寸：300 毫米 ×300 毫米 ×585 毫米（单位：毫米）

板材厚度：10 毫米

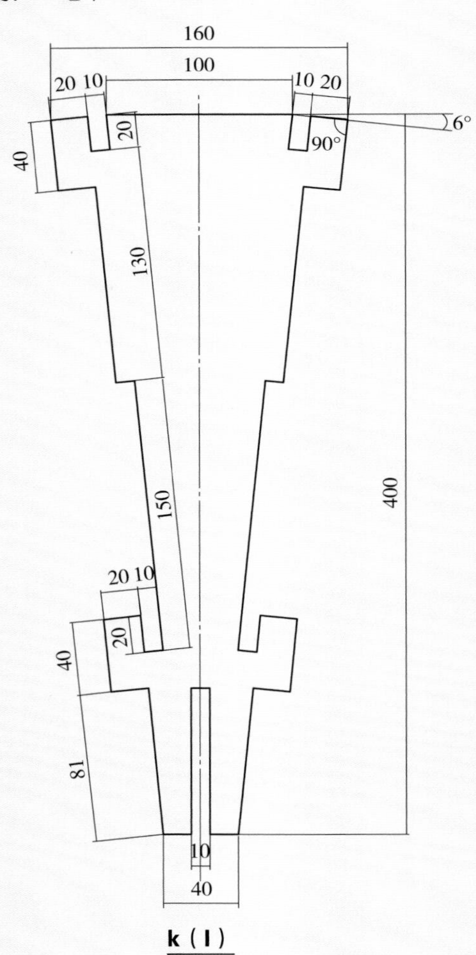

k（l）

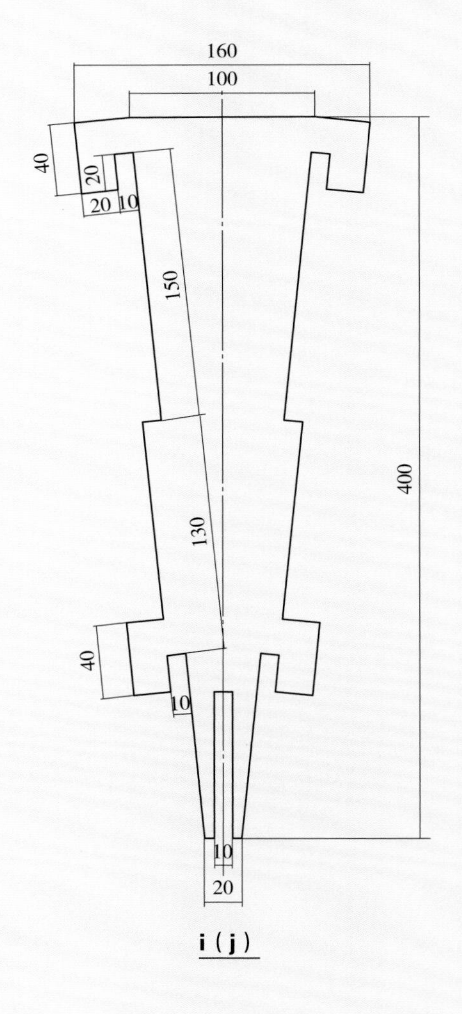

i（j）

读者可根据图纸标注的尺寸自行放大或缩小，如需电子图纸可微信扫码，在读者服务平台下载。

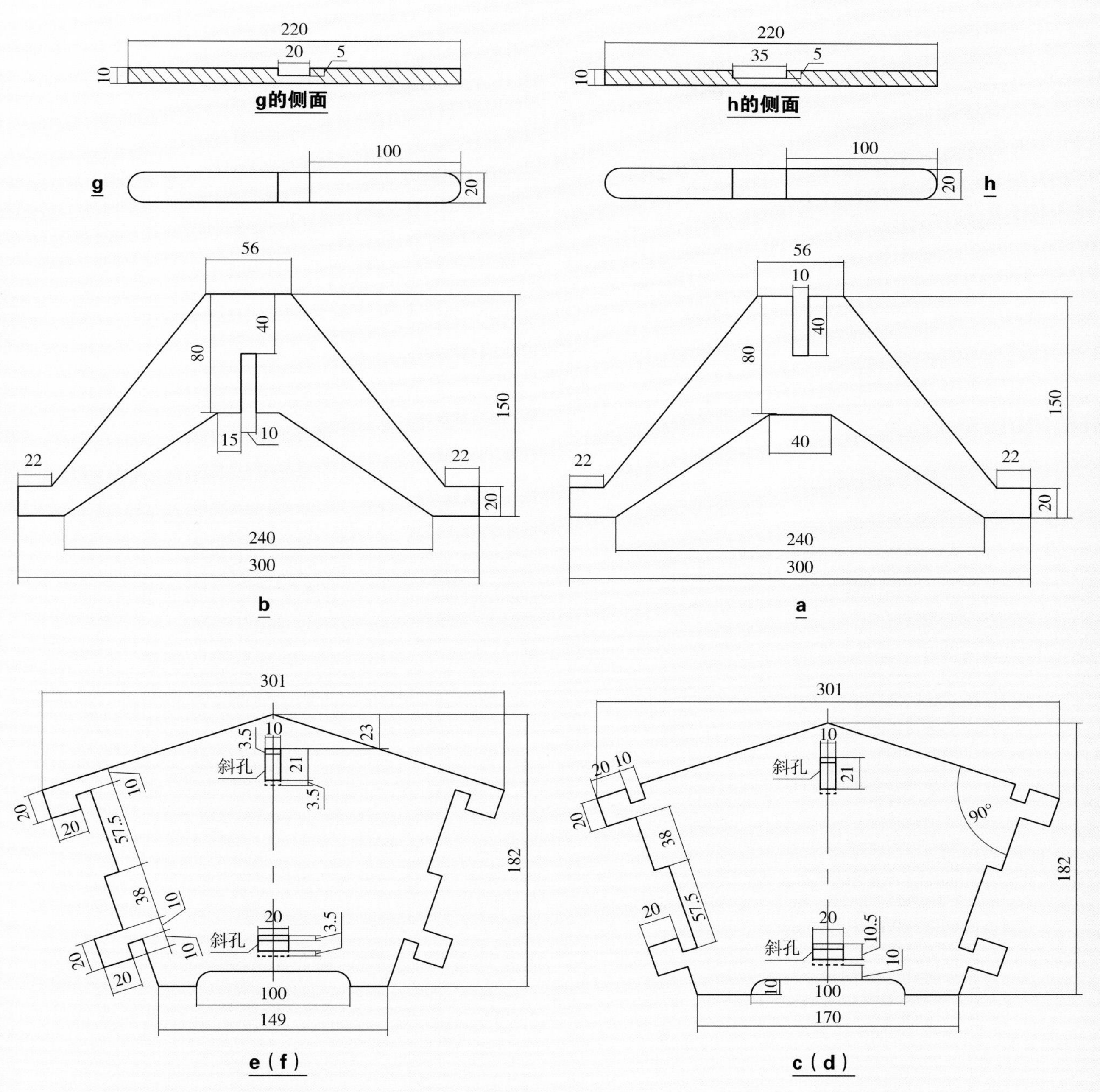

茶盘

难度：★★★☆☆

（操作见第 80 页）

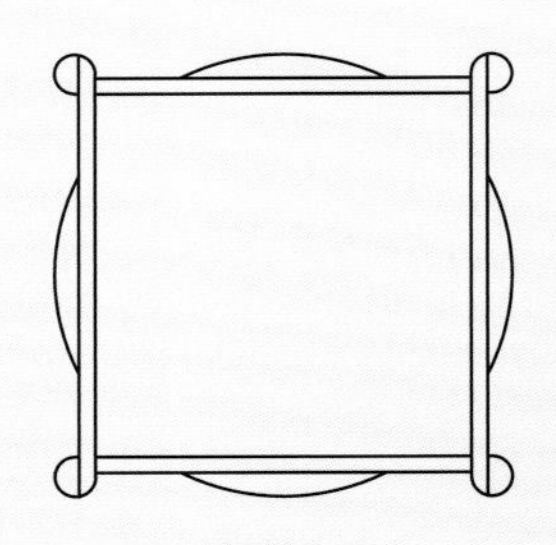

成品尺寸：336 毫米 ×336 毫米 ×40 毫米　　　　（单位：毫米）

板材厚度：30 毫米 ×40 毫米的方料，6 毫米厚的方板

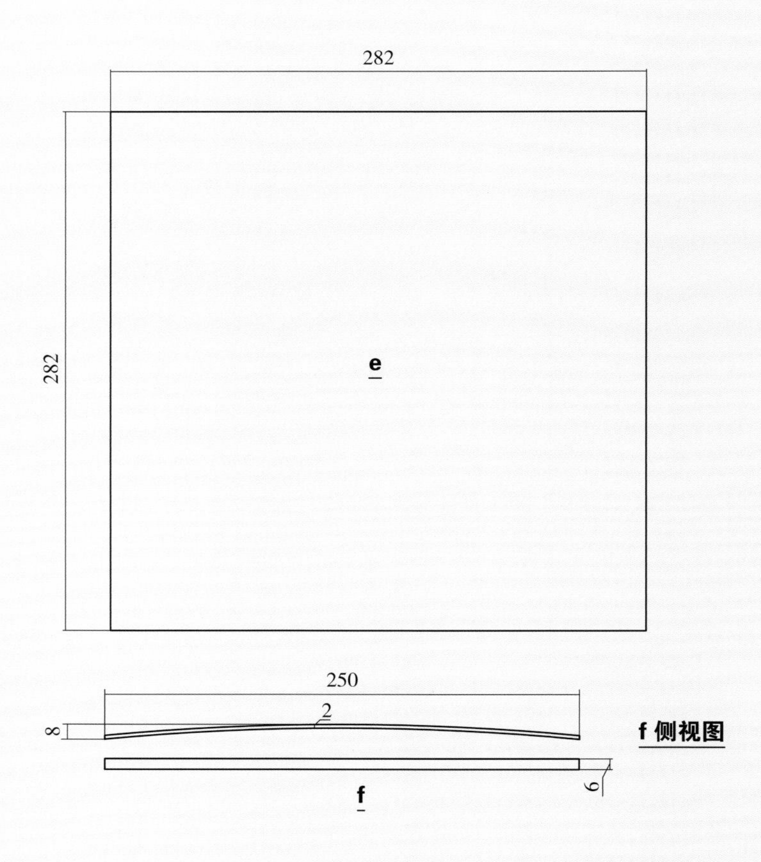

读者可根据图纸标注的尺寸自行放大或缩小，如需电子图纸可微信扫码，在读者服务平台下载。

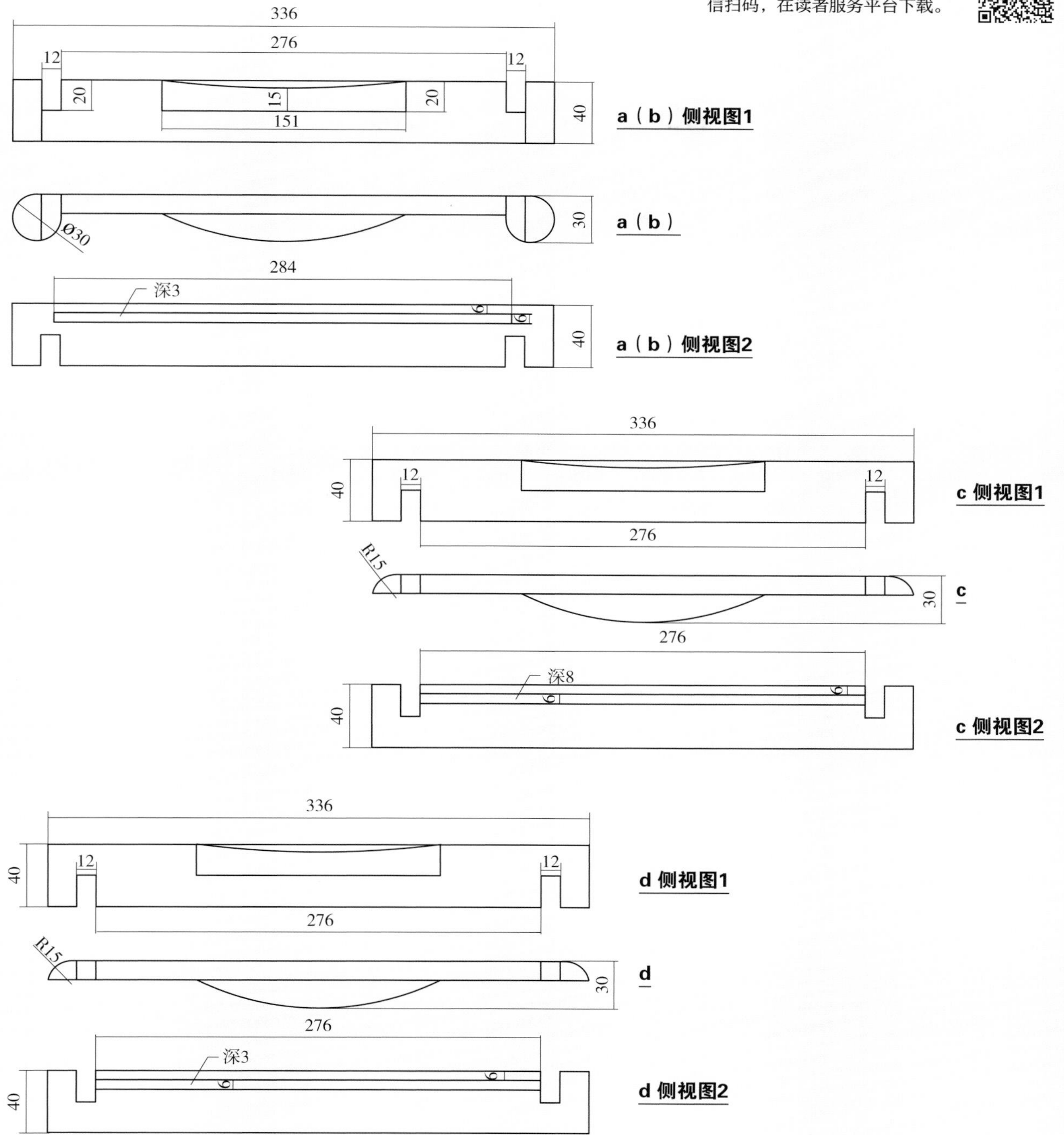

三角板凳

难度：★★★☆☆

（操作见第 84 页）

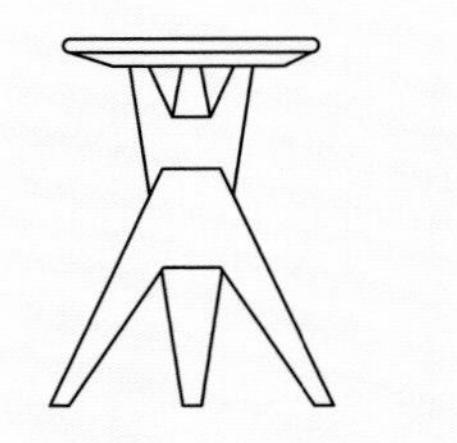

成品尺寸：300 毫米 ×260 毫米 ×400 毫米　　（单位：毫米）

板材厚度：30 毫米（c）、22 毫米（a、b）

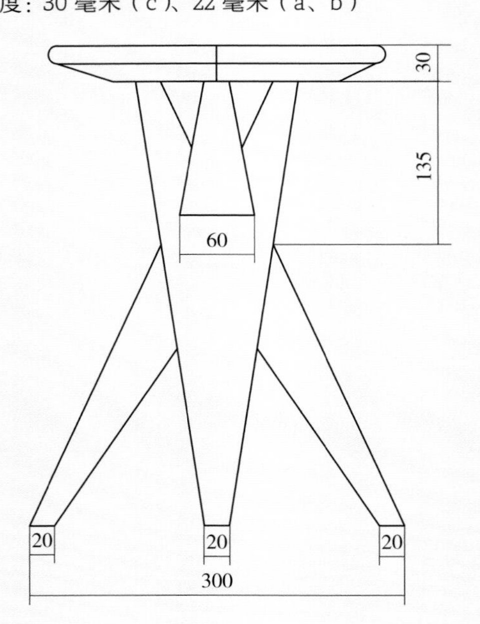

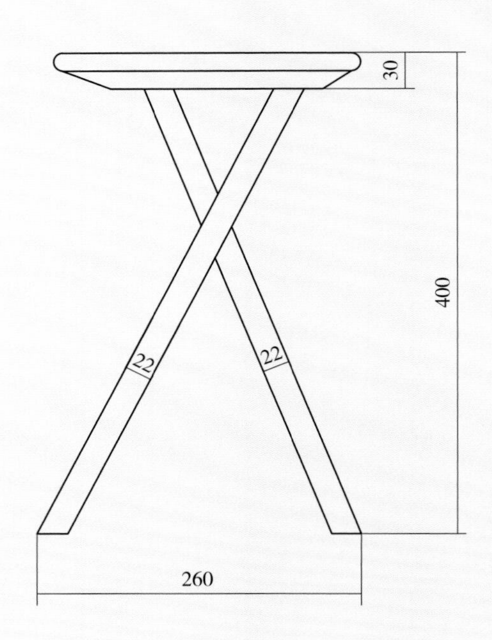

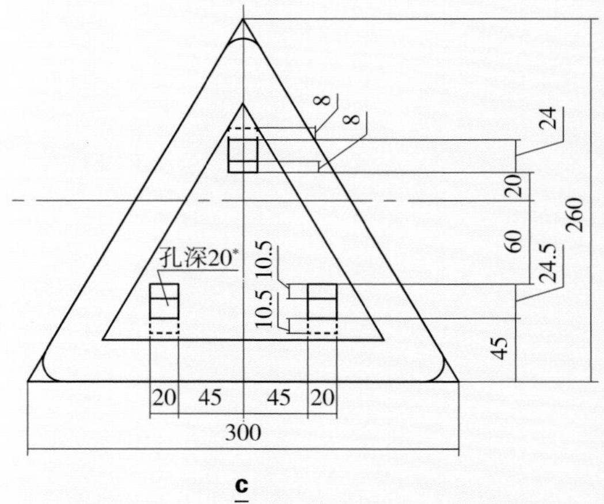

*三个孔深相同

c

读者可根据图纸标注的尺寸自行放大或缩小，如需电子图纸可微信扫码，在读者服务平台下载。

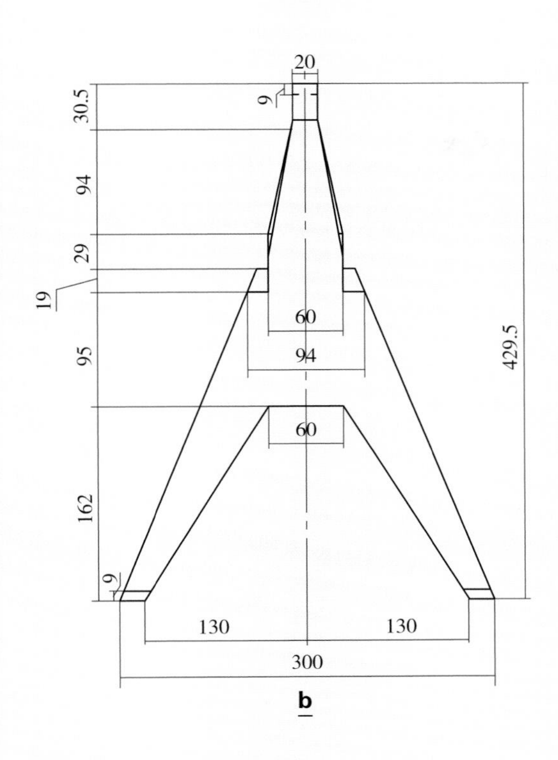

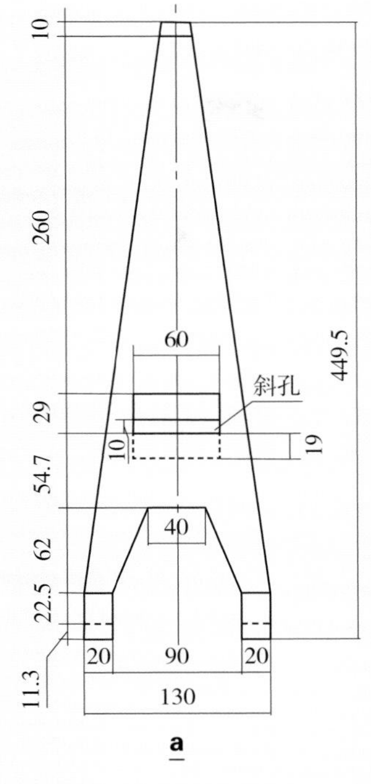

项链

难度：★★☆☆☆

（操作见第 64 页）

成品尺寸：50 毫米 ×70 毫米 ×5 毫米

板材厚度：5 毫米

（单位：毫米）

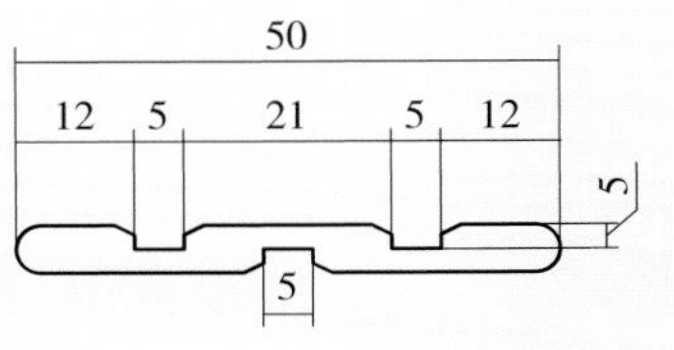

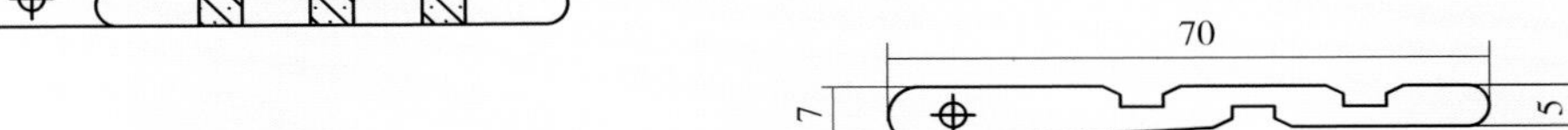

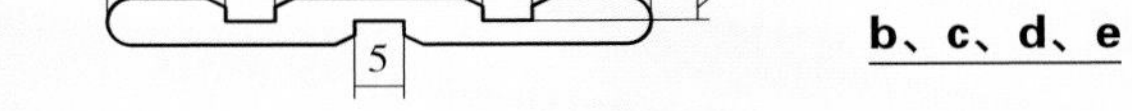

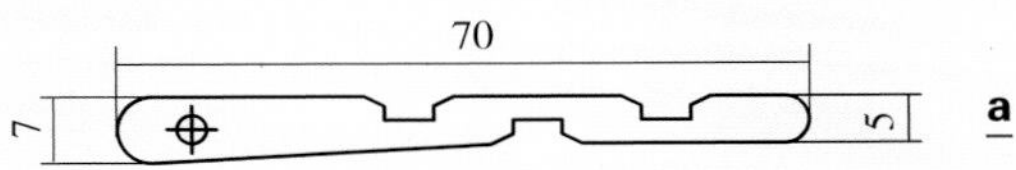

套盒

难度：★★★★☆

（操作见 87 页）

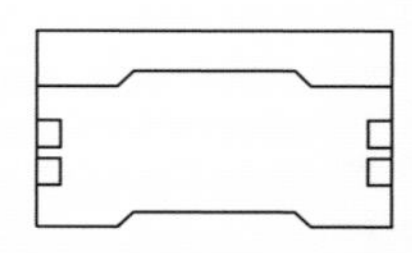

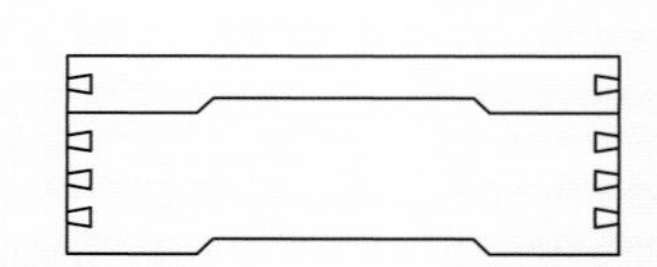

成品尺寸：280 毫米 ×180 毫米 ×104 毫米　　（单位：毫米）

板材厚度：12 毫米（边条）、8 毫米（隔板）

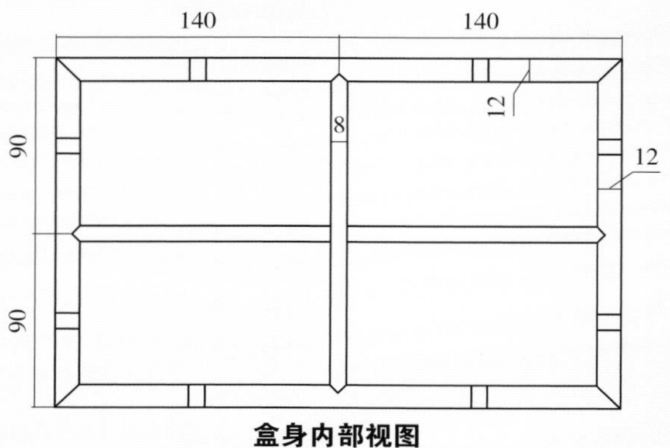

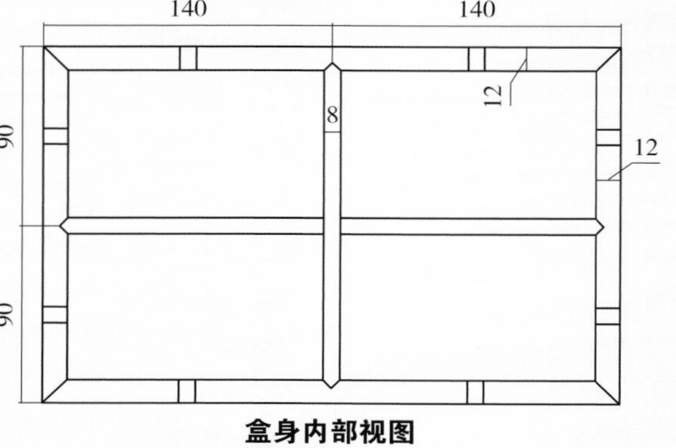

盒身内部视图

盒盖内部截面视图

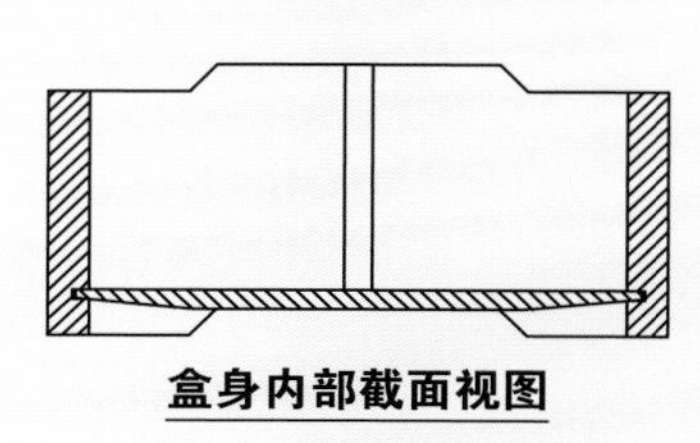

盒身内部截面视图

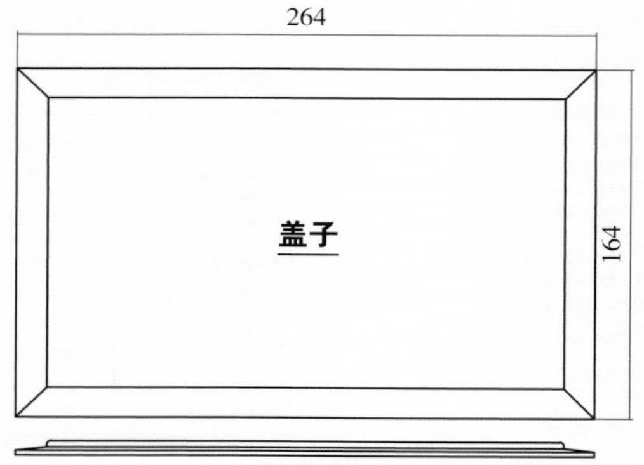

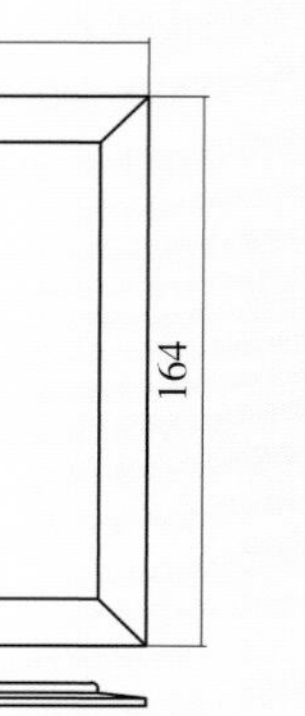

盖子

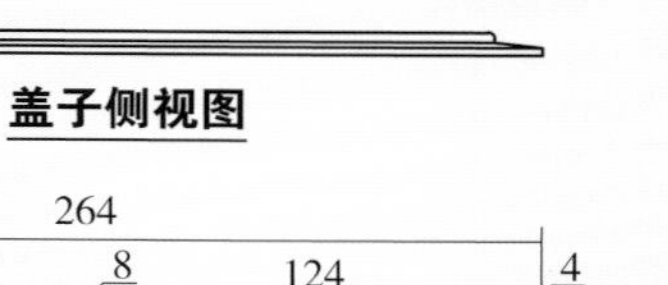

盖子侧视图

底板

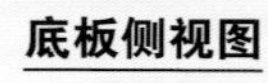

底板侧视图

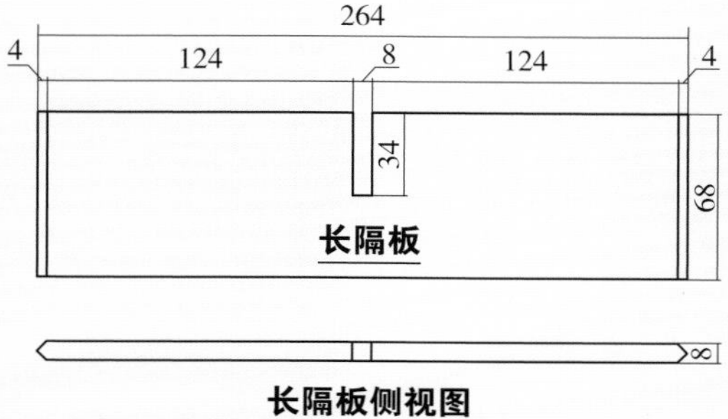

长隔板

长隔板侧视图

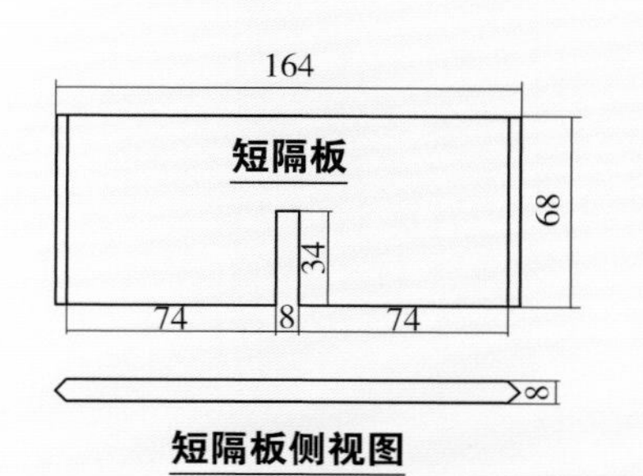

短隔板

短隔板侧视图

读者可根据图纸标注的尺寸自行放大或缩小，如需电子图纸可微信扫码，在读者服务平台下载。

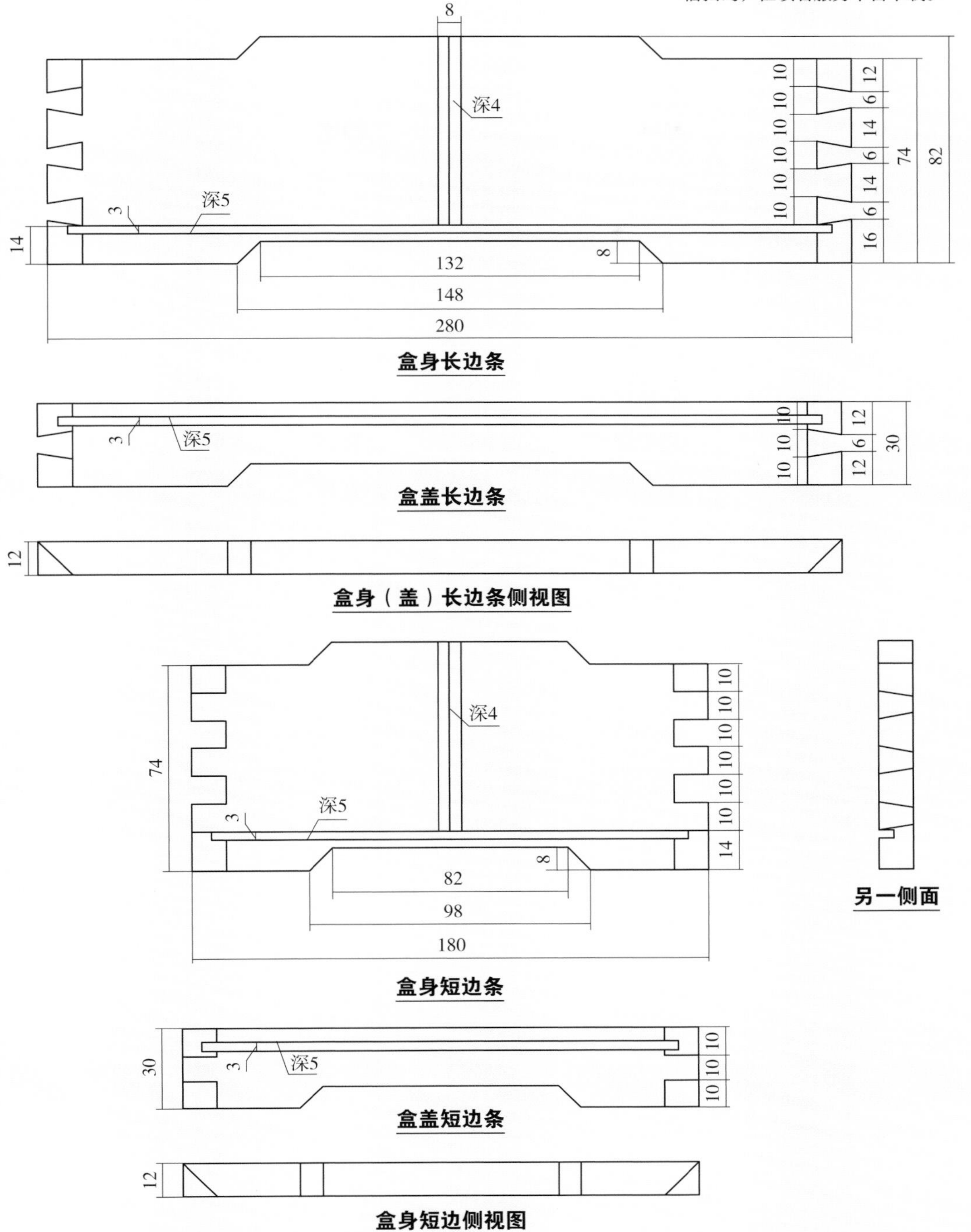

后记

2015年初开始拍摄《爸爸的木匠小屋》时，网络上最火的视频还是搞笑段子快速堆砌，“情怀”和“匠心”这两个现在被广泛应用的词，当时还不是主流。这部每集都很慢很短的纪录片，没有密集笑点，没有千金投资，更没有紧跟时事的卖点。每隔两周才播放一集，刚开始播放时一直被湮没在茫茫视频海洋里，直到2016年，才渐渐被人们关注起来。

想拍摄这个主题，也有很多的由来。记得几年前刚刚到上海时，爸爸用包冰箱的纸板做了一个储物柜，我发上网后好多人点赞，这个柜子的确非常牢固，现在还可以搁置饮料甚至大米这些重物。此后我又发过一些爸爸做的小家具和生活小用品，每次都能收获很多好评。再后来爸爸生日的时候，我发了他的照片上朋友圈，引来一片“爸爸好帅”的呼声。从那时起有了正式拍摄的想法。

爸爸的手，是我见过的最大的一双手，也是我见过的最巧的一双手。全家只要有修不好的东西，就会第一时间想到他。外公晚年的时候脑淤血，已经认不得人也说不了话，却一直记得爸爸是会修东西的那个女婿，爸爸探望他的时候，他一直用手点墙上的钟，大家才发现是钟挂歪了。在那个东西坏了还修修补补的年代，我一直觉得，不管什么东西破成什么样，只要交给爸爸就可以复活。

记得我读初中的时候，物理课的最开始老师就说永动机是不可能被发明的。可爸爸却执着于此几十年，用自学的物理知识，制造出了各式各样的势能“永动机”：水能的、机械动力的、磁力的。爸爸说，虽然“永动机”还是会停下来，但起码可以尝试让它动久一点。

爸爸年轻的时候学木工都是手工绘图，90年代家里有了第一台电脑，他开始研究用电脑绘图，当时家里装修的整套设计图，都是他用电子表格画的。这几年，他更是自学了CAD制图，还研究出了一套自己的画图方式，最近他又在研究用Maya做3D建模。我想他们那时候学习手艺的经历就是这样：学基本功，跟着做，自己琢磨钻研。

读了大学以后，我才知道这个世界上不是所有的父亲都会和子女聊“宇宙”“外星人”“梦境”“声音是不是有重量”这种话题。和大部分“80后”一样，我的家庭十分普通。爸爸也不特别在乎我的学习成绩和工作，只是支持我的每一种兴趣，这让我现在回想起童年，充满了快乐。爸爸会和我一起尝试炸柚子皮，纵容我在家里养蜘蛛、用巧克力培育蠕虫，还在停电的暴风雨夜里用蜡烛给我做小动物……

离开家10年，发现其实自己的理想和能力都没有那么大，而父母却在稍不注意里就慢慢变老了。拍摄纪录片带来的另一更大的意外收获，是在这两年的时间里，让我更深入得走进了父母的世界，更了解了他们的故事。爸爸是我的最佳主角，而妈妈是我的全能制片人，她隐藏在幕后为我们解决了从场地食宿到现场拍摄的各种难题，还在好多集里客串了从插秧背影到做菜手替的角色。不论何时他们都在默默支持着我。

单纯地看待一个问题，执着地做一件事，追求生活里简单的快乐，是爸爸给予我最好的财富。不论结果如何，可以义无反顾地做自己喜欢的事并且为之自豪，就已经在时空流过的地方留下了一个快乐的小点。能将这财富和更多的人一起分享，也是我的小小荣幸和心愿。

谨以此文献给我独一无二的可爱父亲和母亲。

郑若行

2018.7

致谢

2015 年芒种的时候，《爸爸的木匠小屋》第一集安静地上线了，24 个节气，满满一年的拍摄计划，也是对我们的一次考验。在这个讲述执着和温情的故事背后，是一群同样单纯而执着的团队，在这个诸多诱惑和压力的年代，大家不计较功利，一起做了一个缓慢的梦。也许单纯和梦想，会像无法实现的“永动机”一样终有一天要停下来，但起码我们可以尽所能让梦想更持久一些。

在这里，向为纪录片的拍摄和本书的出版提供帮助的个人和机构，表示衷心的感谢。

纪录片幕后主创

导演：郑若行

制片：金元晓

摄影：王一川、岳振龙、刘垣、孙彦峰

剪辑：李纵苇、吴佳楠

音乐：李星宇

剧照：倪晨

《爸爸的木匠小屋》其他幕后和提供帮助的朋友：沈伟煌，王艾琳，方永年，叶乐天，陈理，方小华，陈亮，陈奕列，汤丰屹，赵希曼，周奕清，黄雅楠，毛弘坤，朱晓彤，沈磊，张彦，郭雁榕，梁晓梅，王婷，孔繁春。

亲爱的读者

如果您也是手工爱好者，您也想分享自己独特的手工技艺，欢迎投稿编辑邮箱。

编辑邮箱

1950067155@qq.com

上海科学技术出版社实用读物编辑部

图纸下载

读者交流

作者答疑

课程直播

一个喜爱木工的圈子